高等职业教育无人机应用技术专业系列教材

AERIAL PHOTOGRAPHY TECHNOLOGY OF UAV

无人机
航拍技术

主　编◎周小明

副主编◎邓登登　张月新

微课版

西安电子科技大学出版社
http://www.xduph.com

内容简介

本书从无人机航拍实际出发，主要介绍了无人机航拍摄影和后期制作的基础知识。全书共 4 个项目，主要内容包括无人机航拍技术概述、航拍摄影基础知识、无人机航拍摄影应用和无人机航拍后期制作。本书采用"项目 + 任务"的编写方式，每个任务按照任务描述、任务内容和课后练习展开学习和实操练习。本书结合理实一体化的职业教育教学特色，在内容深度与广度上充分考虑了高等职业院校学生的认知能力与特点。

本书可作为高等职业院校无人机应用技术专业及相关专业的教材，也可作为无人机培训类学校相关课程的教学用书，还可作为无人机爱好者的参考资料。

本书配套有课件、微课和动画等资源，读者可扫码查看或下载。

图书在版编目 (CIP) 数据

无人机航拍技术 : 微课版 / 周小明主编. -- 西安: 西安电子科技大学出版社， 2024. 10. -- ISBN 978-7-5606-7439-1

Ⅰ . TB869

中国国家版本馆 CIP 数据核字第 2024Y08X19 号

策　　划	明政珠	
责任编辑	汪　飞	
出版发行	西安电子科技大学出版社 (西安市太白南路 2 号)	
电　　话	(029) 88202421　88201467	邮　　编　710071
网　　址	www.xduph.com	电子邮箱　xdupfxb001@163.com
经　　销	新华书店	
印刷单位	陕西精工印务有限公司	
版　　次	2024 年 10 月第 1 版　2024 年 10 月第 1 次印刷	
开　　本	787 毫米 ×1092 毫米　1/16　　印 张 11	
字　　数	254 千字	
定　　价	45.00 元	

ISBN 978-7-5606-7439-1

XDUP 7740001-1

*** 如有印装问题可调换 ***

PREFACE

前　言

随着科技的进步，无人机的应用已经从军事领域扩展至民用领域，无人机已经成为日常生活中常见的工具。其中，无人机航拍技术让人们能够以全新的视角来观察世界，在影视拍摄、旅游推广、直播等领域得到了广泛应用。

本书是高等职业教育无人机应用技术专业教材，根据无人机应用技术专业的培养目标，针对无人机航拍应用的技能要求，以理实一体化的课堂教学为载体，以实际生产项目和典型工作岗位为实训任务，培养读者的无人机航拍技术技能。

本书联合企业团队共同开发编写，结构清晰、内容完整、操作直观、通俗易懂，以项目任务引导整个教学过程，充分体现了高等职业技术教育实践能力培养的特色。本书的主要特点如下：

(1) 实践与理论相结合。

本书注重实践与理论相结合，在介绍无人机航拍的基本原理和操作技巧的同时，还深入探讨了无人机航拍在各个领域的应用和未来发展趋势。通过学习，读者不仅能够对无人机航拍有更深入的理解和认识，还能掌握实际的操作技能。

(2) 案例丰富，生动易懂。

本书融入了大量的实际案例，涵盖了不同场景和用途的航拍应用。通过这些案例，读者可以更加直观地了解无人机航拍的实际应用效果，学习如何根据不同的需求选择合适的拍摄方案。

(3) 与时俱进的技术更新。

无人机航拍技术在不断进步，本书紧跟技术发展趋势，及时更新内容，确保读者能够学到最前沿、最实用的知识和技能。

(4) 跨领域合作与实践。

为了使内容更加丰富和深入，我们还邀请了不同领域的专家和从业者共同参与本书的编写。他们带来了各自领域的专业知识和实践经验，为读者提供了更全面的视角和更实用的指导。

本书共 4 个项目，计划课时数为 34 课时，各任务相应的课时安排建议如下：

项目名称	任　务	参考课时
项目 1 无人机航拍技术概述	任务 1.1 了解无人机航拍	3
	任务 1.2 无人机航拍应用	3
	任务 1.3 无人机安全指南	3
项目 2 航拍摄影基础知识	任务 2.1 航拍用光与色彩	3
	任务 2.2 航拍相机设置	3
	任务 2.3 航拍平台	3
项目 3 无人机航拍摄影应用	任务 3.1 无人机航拍技巧与智能应用	3
	任务 3.2 无人机航拍任务规划与执行	3
	任务 3.3 无人机特殊场景航拍	3
项目 4 无人机航拍后期制作	任务 4.1 航拍照片后期制作	3
	任务 4.2 航拍视频剪辑	4

在编写本书的过程中，我们得到了西安电子科技大学出版社、西安天翼智控教育科技有限公司邢浩朋、刘佳敏、王晓妮等的大力支持和帮助，在此表示感谢！同时，感谢深圳信息职业技术学院领导和无人机专业相关专家在本书编写过程中所给予的指导。

本书配套有大量线上微课视频、动画、课件、案例等立体化资源，书中涉及的个人信息等敏感数据都经过脱敏处理，读者可以发送邮件到 hexy@gdsdxy.cn 联系获取，也可以登录西安电子科技大学出版社官网 (www.xduph.com) 进入本书详情进行下载。

由于编者水平有限，书中难免存在一些不足之处，恳请广大读者批评指正。

编　者

2024 年 6 月

CONTENTS

目　录

项目1　无人机航拍技术概述

项目引入

近年来，航拍作为一项新的拍摄技术，为各行各业的拍摄工作开启了一扇新的大门。随着无人机航拍应用技术的日益成熟，无人机航拍技术在影视航拍、测绘、搜救以及执法等越来越多的领域得到了广泛应用，也使得航拍效率得到了进一步提升。

学习目标

▶ 知识目标

1. 了解航拍的基本概念；
2. 了解航拍的发展历程；
3. 熟悉无人机航拍的应用领域。

▶ 技能目标

初步掌握无人机航拍应用技术。

▶ 思政目标

1. 在无人机航拍活动中，应始终维护国家利益和法律的尊严；
2. 在无人机操作中，注重飞行安全，保障人员和财产的安全；
3. 建立有效的应急机制，以应对飞行中的紧急情况；
4. 利用无人机技术为社会提供服务，体现技术对社会发展的贡献；
5. 倡导在技术发展中，坚持伦理原则，确保技术进步与社会价值相一致。

任务 1.1 了解无人机航拍

○ 任务描述

　　无人机航拍是目前比较流行的拍摄方式，受到了诸多行业的关注。什么是航拍？航拍经历了怎样的发展过程？通过本任务的学习，读者可以了解无人机航拍的概念及发展历史，以及无人机航拍在生产生活中的具体应用。

○ 任务内容

了解无人机航拍

1.1.1 认识航拍

　　航拍又称空拍、空中摄影或航空摄影，是指从空中拍摄地球地貌以及世间万物，获得俯视图或空照图。图 1.1 所示为上海冬日的航拍效果图。航拍摄像机可以由摄影师控制，也可以由设备自动拍摄。航拍作为一种非常先进的摄影方式，在多个领域中得到了广泛应用，其拍摄效果不仅能给人们带来视觉上的冲击力，更能让人们体验极致的拍摄美感。

图 1.1　上海冬日航拍效果图

　　航拍图片能够清晰地表现被摄物体的具体形态，除了应用在摄影领域外，也常应用于军事、交通、水利工程、生态研究、城市规划等其他领域。

　　航拍常用的平台包括无人机、直升机、热气球、小型飞船、火箭、风筝、降落伞等。图1.2所示为直升机航拍场景图。

图1.2　直升机航拍场景图

　　无人机是通过无线电遥控设备或机载计算机控制系统进行操控的无人飞行器。无人机航拍把镜头带到了天空，又被称作"会飞的照相机"。

1.1.2　航拍发展史

1. 航拍的发展历程

　　航拍最早可以追溯到1858年，法国摄影师纳达尔乘着热气球，带着老式的湿板照相机在法国郊外拍下了最早的航拍照片，图1.3所示的版面即体现了这一场景。纳达尔实现了第一次空中摄影的伟大创举，把梦想变成了现实，把眼睛带到了天空，这一创举向全人类第一次展示了"上帝视角"，开创了摄影史上的新篇章。

　　除了热气球，渴望"上帝视角"的航拍爱好者还尝试过其他多种平台。1882年，英国气象学家阿奇博尔德把相机绑在风筝上进行拍摄；1897年，瑞典发明家阿尔弗雷德·诺贝尔拍摄

图1.3　法国摄影师纳达尔乘着热气球航拍

了第一幅以火箭作为搭载平台的航拍作品；1903 年，朱利叶斯·纽布兰纳尔设计了一种极小的、可固定在鸽子胸间的相机，相机每 30 s 自动曝光一次，以此来进行拍摄。

　　航拍发展的第二阶段是飞艇的出现。飞艇与热气球最大的区别在于其具有推进和控制飞行状态的装置，并且飞艇具有成本低、安全系数高、稳定性强、升空时间长、高度可调节、准确度高等优势，可用于影视拍摄、节目录制、企业资料和品牌推广、投资考察、城市规划与发展、新闻采集与事件报道、大型活动与赛事等方面。

　　航拍发展的第三阶段是有人机航拍，即摄影人员乘坐固定翼飞机或直升机，携带相关摄影器材在高空进行俯视拍摄，如图 1.4 所示。有人机航拍成本较高，飞行审批手续也较复杂，随着无人机应用技术的不断发展，有人机航拍势必会大大减少。

图 1.4　有人机航拍

　　近年来，随着通信与导航技术的不断发展，凭借无人机自身独特的优势，利用无人机平台搭载一些任务设备进行工作被广泛应用于各领域，如利用无人机与相机的结合制造出航拍无人机。目前，航拍无人机被广泛应用于影视航拍、纪录片拍摄、侦察监视等诸多领域。

　　从人类冒着生命危险在热气球上进行航拍，到乘坐有人驾驶飞机进行航拍，再到无人机搭载摄像机进行航拍，直至消费级无人机航拍的普及，航拍走过了百年的历史，使人类能够站在全新的视角审视世界。

2. 无人机航拍的发展趋势

　　航拍无人机从诞生至今，各项关键技术均已取得了长足发展。无人机航拍技术以低速无人驾驶飞机作为空中遥感平台，用彩色、黑白等摄像技术收集空中影像数据，并利用计算机对图像信息进行加工处理，是集成遥感、遥控、遥测技术与计算机技术于一体的新型应用技术，不仅为大众带来了《战狼》《影》等优秀作品，也通过《航拍中国》等特色纪录片再现了我国波澜壮阔的景象。

　　无人机航拍技术还广泛应用于国家生态环境保护、矿产资源勘探、海洋环境监测、土地利用调查、水资源开发、农作物长势监测与估产、农业作业、自然灾害监测与评估、城市规划与市政管理、森林病虫害防护与监测、公共安全、国防事业、数字地球及广告摄影等领域，市场需求广阔。图 1.5 所示为无人机正在进行矿产资源勘探作业。

图 1.5 　无人机进行矿产资源勘探作业

⬤ 课后练习

1. 什么是航拍？
2. 航拍发展经历了哪几个阶段？

任务 1.2 　无人机航拍应用

无人机航拍应用 1

⬤ 任务描述

无人机航拍应用主要包括影视航拍、航拍直播、航拍测绘、航拍监测、航拍搜救和航拍交通执法 6 部分。通过本任务的学习，读者可以了解无人机航拍应用的相关理论知识，并掌握无人机航拍的具体应

无人机航拍应用 2

用场景。

○ 任务内容

1.2.1 影视航拍

1. 认识影视航拍

自电影诞生以来，视觉特效的拍摄手法日新月异，摄影器材也不断推陈出新。从地面的轨道车，到空间升降的大型摇臂，再到无人机航拍，无不体现着拍摄人员对空间视觉效果的极致追求。

近年来，应用无人机航拍制作的影视作品层出不穷。部分专题片、影视剧、广告宣传片等都采用无人机来完成航拍作业，并取得了令人瞩目的社会效益与经济效益，如《航拍中国》《迁徙的鸟》《地球》《战狼2》《影》等影片都利用无人机取景拍摄。图1.6 所示为无人机拍摄的《航拍中国》画面。

图 1.6　无人机拍摄的《航拍中国》画面

2. 影视航拍的优点

传统航拍需要影片制作公司租用直升机，拍摄人员在直升机上完成俯拍，成本相对较高。

无人机航拍的出现，让影视拍摄变得更简单、更安全且便于操控，因此无人机航拍受到影视创作与专业技术人员的热捧。它克服了有人机航拍的不足，可以最大限度地超低空飞行，也可悬停接近目标物体，拍摄视图更加直接，影像也更加清晰。除此之外，无人机航拍还可以达到摇臂设备达不到的高度和角度，特别适合航拍城市楼群、铁路桥梁、河流湖泊、运动场景等。图 1.7 所示为无人机航拍的杭州湾跨海大桥。

图 1.7　无人机航拍的杭州湾跨海大桥

1.2.2　航拍直播

1. 认识航拍直播

近年来，无人机航拍在直播节目中应用越来越广泛。随着消费级无人机的普及，普通人也可以用"上帝视角"鸟瞰世界。而网络直播的兴起，使无人机广泛应用于警方执法过程直播、节日灯光秀直播、户外赛事直播、婚礼现场等领域的航拍直播中。图 1.8 所示为无人机灯光秀直播。

图 1.8　无人机灯光秀直播

2. 航拍直播的优点

无人机航拍在众多领域的直播中能够切实发挥其效能，促进直播节目的高质量发展，并为其提供基础设备。无人机航拍是直播节目对播放技术设备的新要求，在无人机航拍系统不断完善的过程中，未来人们将会看到更加多样化的航拍功能，使其更好地为直播服务，满足更多场景的应用需求。

1.2.3　航拍测绘

1. 认识航拍测绘

无人机航拍测绘是以无人机作为空中平台，以机载遥感设备（如高分辨率数码相机、轻型光学相机、红外扫描仪、激光扫描仪、磁测仪等）获取信息，用计算机对图像信息进行处理，并按照一定精度要求制作图像的航空摄影测量手段。

无人机航拍测绘系统可以携带数码相机、数字彩色航测相机等设备，以便快速地获取地表信息，呈现高分辨率影像，进而得到更精准的数据。该系统尤其适合勘测带状地区（公路、铁路、河流、水库、海岸线等），图1.9所示为无人机正在进行道路航拍测绘。

图 1.9　无人机道路航测

2. 航拍测绘的优点

无人机航拍能够克服人工测绘难度大、效率低、成本高等缺点，具有测绘精确度高、灵活性及安全性高、效率高、成本低等优点，目前被广泛应用于各类测绘作业中。

1）精确度高

航拍测绘的实际测量精度达到厘米级，测图精度可以达到 1∶500。除此之外，航拍测绘具有丰富的三维地理信息，可以捕获大比例尺地形的数据。如果测绘需要较高的精度，则无人机比其他设备更能满足实际的测量需求。

2) 灵活性及安全性高

无人机航拍测绘的飞行高度一般低至 50 m，高达 1000 m，环境产生的变化对无人机航测结果影响甚微。相比传统的测量技术，无人机具有广泛的应用空间，灵活性更高。例如，预测地质灾害、分析矿区地质、测绘部分危险区域等都可使用无人机来开展工作。

3) 效率高

测绘工作中有许多小面积区域极易受到空域管理和天气的影响，进而导致工作效率降低，而无人机受天气影响较小，获取影像的周期也较短，不但不会影响工作进度，还可以减轻工作人员的压力，提升工作效率。

4) 成本低

传统测绘成本投入普遍偏高，而航拍测绘利用无人机结合摄影仪进行作业，减少了人力、物力和财力的投入，缩短了测量周期。

1.2.4　航拍监测

1. 认识航拍监测

航拍监测起源于 20 世纪初，当时航空摄影技术刚刚诞生。近年来，随着无人机技术的进步和普及，航拍监测得到了飞速发展。无人机的灵活性、低成本和易于操作性使其成为航拍监测的理想选择。

航拍监测在多个领域中发挥着重要的作用。在环境监测领域，航拍图像可以揭示森林砍伐、野火、物种分布等环境问题；在城市规划领域，航拍图像可以提供城市发展状况的全貌，帮助决策者进行城市改造和规划；在农业领域，航拍监测可以用于监测作物生长、土地利用变化等；在灾害响应领域，航拍监测能够快速获取灾区的实时图像，为救援工作提供宝贵的信息。

2. 航拍监测的优点

航拍监测已成为现代社会的重要技术之一，为各个领域提供了前所未有的便利和更丰富的信息。通过无人机或其他航空器进行拍摄和监测的技术，具有许多明显的优势，使其在各个领域中发挥着越来越重要的作用。

首先，航拍监测提供了独特的视角和全面的信息。与传统的地面监测相比，航拍监测能够快速获取大范围、高清晰度的图像，从而提供更全面的数据。这种全方位的视角使得决策者能够更好地理解复杂性问题，制定出更有效的策略。

其次，航拍监测具有高度的灵活性和适应性。无人机等航空器可以在复杂的环境中进行飞行，获取难以通过其他方式获取的数据。无论是高山、森林、沙漠还是城市，航拍监测都能够适应各种环境，提供准确的信息。

此外，航拍监测更加高效和经济。相比传统的地面监测方法，航拍监测大大节省了人力和时间成本。无人机等设备的价格也相对较低，进一步降低了成本。这种高效和经济的特点使得航拍监测在众多领域中成为更受欢迎的选择。图 1.10 所示是利用无人机进行环境监测。

图 1.10　利用无人机进行环境监测

 ### 1.2.5　航拍搜救

1. 认识航拍搜救

随着社会的发展，传统的救援方式很难适应多场景的需求。随着新技术的引入，无人机在救援工作中逐渐被认可。目前，无人机在对抗自然灾害过程中主要应用于实时监视、灾后搜索救援和灾后灾情评估 3 方面。图 1.11 所示为 2021 年 7·20 郑州暴雨中无人机应急救援的场景。

图 1.11　7·20 郑州暴雨中无人机应急救援

2. 航拍搜救的优点

自然灾害具有突发性，而救援的关键在于灾害发生后救援的响应速度，无人机可以从空中快速发现情况，并建立灾区三维模型，协助救援人员查看建筑物的破坏程度、道路通行能力、遇难人员分布等状况。

同时，无人机航空遥感系统具有实时性强、机动灵活、影像分辨率高、成本低等特点，并且能在高危地区进行作业。

除此之外，无人机还配备各种救援设备，能够搭建救援系统平台并集成多项功能，实现多方控制，通过信息互通共享，达到更快捷、更高效的救援效果。

1.2.6 航拍交通执法

1. 认识航拍交通执法

除了在影视航拍、航拍直播、航拍测绘等领域的应用，无人机航拍在智慧交通领域的执法应用中也凸显出巨大的优势。航拍执法不仅提高了交通整治效率，还提升了交通管理科学化、智能化的水平。当前，无人机承载着巡查执法、交通疏导、违规拍摄、应急救援等任务，图 1.12 所示为无人机抓拍交通违法行为的场景。

图 1.12 无人机抓拍交通违法行为

2. 航拍交通执法的优点

1) 掌控全局

通过无人机对某地区进行实时航拍获取车流统计数据，即可了解该地区的交通运行状况，并分析出造成该路段拥堵的原因。通过连续监测从车流变化中分析出交通运行变化规律，可为交管部门对交通运行进行实时疏导提供依据。

2）快速高效

与执行公务的警车相比，无人机具备可低空飞行、速度快、变换视角灵活、活动范围大等优势；与载人通用飞机、载人直升机等其他交通工具相比，无人机地勤和机务准备时间短，可随时出动，更有利于交通管理部门快速、高效地控制局面。

3）机动灵活

在城市交通管理中，无人机表现出特有的灵活性和机动性，既能飞行在高速公路和桥梁道路之上，又能穿行在高楼大厦之间，甚至可以穿过隧道进行事故现场的勘查和取证。

4）节省成本

在城市交通管理中，较少架数的无人机能代替较多地面警力完成同样的任务，有助于节省人力和勤务成本。

未来，无人机在交通领域的应用不可限量，它将成为智慧交通的重要力量。除此之外，无人机在空中侦察的作用也不容忽视。警用无人机可随时备战，适合在城市空间狭小的现场快速部署，尤其适用于群体事件现场情况的全局掌控，充分发挥无人机机动性强的特点，接到任务后能快速抵达现场，并将实时图像信息传输至指挥中心，充分发挥"查得准、盯得住、传得快"的优势，为指挥中心合理调配警力、做出重大部署提供翔实可靠的依据。

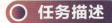 **课后练习**

1. 无人机航拍测绘的优点有哪些？
2. 无人机在对抗自然灾害的过程中主要应用于哪 3 个方面？

任务 1.3　　无人机安全指南

无人机安全指南 1

○ **任务描述**

为了更好地利用航拍无人机的作业优势，保障飞行安全，我们需要了解无人机飞行过程中的注意事项，避免安全事故发生。通过本任务的学习，读者可以了解限飞区、IMU 校准、指南针校准等飞行安全知识，并掌握在大风、失联等飞行环境下的应对措施。

无人机安全指南 2

任务内容

1.3.1　限飞区

限飞区对无人机的飞行高度、速度有一定的限制，在该区域内飞行的无人机必须遵守相应的限制规定。限飞区包含但不限于机场、因突发情况（如森林火灾、大型活动等）造成的临时限飞区域、永久禁止飞行的区域（如监狱、核工厂等）。此外，无人机操控人员在部分区域(如野生保护区、人流密集的城镇等允许飞行的区域)也可能收到飞行警示。以上这些无法完全自由飞行的区域，统称为限飞区，包含禁飞区、限高区、授权区、警示区和加强警示区，如表 1-1 所示。

表 1-1　大疆无人机限飞区划分

区域划分	含　义
禁飞区	飞行器将无法在此区域飞行。如已获得有关部门在此区域的飞行许可，需在线申请解禁
限高区	飞行器在此区域飞行时，飞行高度将受到限制(如机场附近的灰色区域)
授权区	当飞行于该区域时，系统将默认发送飞行警示及飞行限制信息。已授权用户可使用大疆认证账号解禁授权区的飞行限制
警示区	在警示区范围，地图中未必显示全部的警示区。用户会在飞行至该区域时收到警示(如自然保护区)
加强警示区	当飞行于加强警示区时，用户会实时接收到来自 GEO 的信息，要求用户解禁在该区域的飞行限制

当无人机靠近禁飞区时，通常 APp 会给出相应提示。当无人机操控人员需要在限飞区进行飞行时，可以准备相关材料申请临时解禁。但需要注意的是，解禁功能不适用于高度敏感的区域。在使用无人机时，无人机操控人员需要提前了解当地无人机管理条例，遵守相关法律法规，为每一次的飞行提供安全保障。

1.3.2　IMU 和指南针校准

1. IMU 校准

IMU（Inertial Measurement Unit）即惯性测量单元，是无人机内部

IMU 和指南针校准

重要的传感器。IMU 由加速度计和陀螺仪组成，结合磁力计、气压计等传感器，可以高精度地测量无人机姿态、角度、速度和高度等状态信息，在飞行辅助功能中充当极其重要的角色。

由于磁场、无人机发生外力损伤或碰撞、长时间放置不水平等诸多因素影响，导致无人机可能会出现 IMU 异常提示，如图 1.13 所示。因此，无人机起飞前需要重新校准，但也可能会出现校准失败的情况，如果多次尝试都校准失败，则需要返厂维修。

图 1.13　IMU 校准异常提示

2. 指南针校准

指南针用于分辨无人机在地理坐标系中的方向，其获取的地磁数据关系到无人机对航向的判断。指南针受到磁场干扰，可能导致测量的航向偏离无人机的真实航向，严重影响飞行安全。当出现以下情况时，均需进行指南针校准：

（1）新机第一次飞行；

（2）无人机出现指南针异常提醒；

（3）在距离上次飞行地点较远时飞行；

（4）超过一个月未使用无人机。

同时，应注意以下事项：

（1）勿在强磁场区或大块金属附近校准，如磁矿、停车场、轮船或带有地下钢筋的建筑区域等；

（2）校准时勿随身携带磁铁物质，如手机等；

（3）指南针校准时务必将无人机各机臂（折叠机臂）完全展开。

若多次校准失败，可能是环境磁场干扰过大，可更换场地后重新尝试校准；若提示异常但未校准就起飞，则会影响无人机悬停稳定及返航功能。

1.3.3　飞行高度安全

根据相关法规要求，除空中禁区、机场、军事禁区、危险区域等周边一定范围内，微型无人机无须批准可以在真空 50 m 以下空域飞行；轻型无人机可以在真空 120 m 以下空域飞行；若飞行高度大于 120 m，则需备案。

1.3.4　夜间飞行注意事项

1. 周围环境

飞行前需做好规划，详细了解拍摄环境，认真观察无人机飞行路线是否存在强干扰情况，避免飞行时触碰到高压线、建筑物等障碍物导致炸机。无人机操控人员可在天黑前试飞一次，仔细观察取景范围并设计好构图。

夜晚拍摄时，如果光线过暗，那么可以在起飞前适当调高感光度、加快快门速度，进而增加画面亮度，这样更有利于观察周围环境、确保飞行安全，最终得到更加准确的画面构图。

2. 飞行高度

飞行高度是保障夜间飞行的关键因素，无人机操控人员可在白天调查清楚夜间航拍路线上建筑物的大致高度，并在飞行前设置好返航高度，避免无人机返航时与障碍物发生碰撞。有下视补光灯的无人机系统，建议无人机操控人员时刻将补光灯打开，以提醒其他人员，避免事故发生。

3. 风速等级

风速是决定是否可以飞行的关键条件，无人机操控人员可根据无人机的抗风性能选择是否进行飞行。航拍作业时，一般选择无风或者风速很小的天气进行拍摄。

1.3.5　飞行中遭遇大风天气的应对措施

在大风情况下，无人机为保持正常飞行会耗费更多的电量，进而导致续航时间缩短，无人机稳定性也会下降。无人机操控人员应第一时间让无人机下降到风力较弱的高度，时刻注意无人机的飞行状态，及时调整航线或选择返航，避免意外发生。

当无人机在飞行中与风力抗衡时，逆风时务必观察飞行速度是否为 0，飞行距离是否有所缩短，由此来判断无人机是否能抵御强风。另外，可以将无人机调至运动模式，让无人机以更高的速度、更大的姿态飞行，以抗御强风干扰。必须注意的是，在运动模式下，无人机电量会消耗得特别快，而且部分无人机会失去自动避障能力，飞行动作将会变得很敏感，不太容易操作。故在使用运动模式飞行时，要更加谨慎小心。

注意不要在强风下进行拉距测试。当遥控或图传信号中断，无人机进入自动返航模式时，有可能因为飞行前设置了返航高度，既无法通过下降来规避强风，也无法切换到运动模式，极易造成损失。

1.3.6　图传信号丢失的应对措施

无人机作业期间，偶尔会发生图传信号丢失或短暂失去图传画面的情况，一般是由于无人机与遥控器之间出现障碍物导致信号遮挡，可尝试使用以下 4 种方式解决：

（1）耐心观察遥控器上返航灯是否闪烁，有闪烁代表无人机正在返航；

（2）在安全飞行前提下，增加无人机的飞行高度，保证信号无遮挡；

（3）重新插拔遥控器与手机或平板的连接线；

（4）重新启动 App。

飞行时，要最大程度保证信号良好应注意以下 4 个方面：

（1）保证无人机与遥控器间不要有障碍物（建筑物、山体等）遮挡；

（2）由于无人机遥控链路信道所用频段与手机相同，均为 2.4 GHz 和 5.8 GHz，在城市范围内飞行不可避免地会受到信号干扰，所以在城市内尽量保持在视距内飞行；

（3）当出现信号低的提示时，将遥控器天线转向无人机、升高无人机和举高遥控器均可在一定程度上改善信号；

（4）飞行前，设定好返航高度，保证返航高度高于障碍物高度，即使图传丢失也可保证无人机能安全返航。

1.3.7　如何找回失联的无人机

若无人机刚刚失联，可首先调整遥控器天线方向，查看能否恢复联络信号，并原地等待无人机自动返航。若长时间未返航，可通过 App 中的"飞行记录""找飞机"功能或无人机拍摄视频的画面确认最后失联方位后前往寻找，如图 1.14 所示。需要注意的是，App 飞行记录中，最后收录的坐标为无人机失联点坐标，并不一定是无人机最终坠落的位置。找飞机过程中，务必注意自身安全，如果无法找回，则备份好飞行记录、视频缓存等信息后联系售后协助处理。

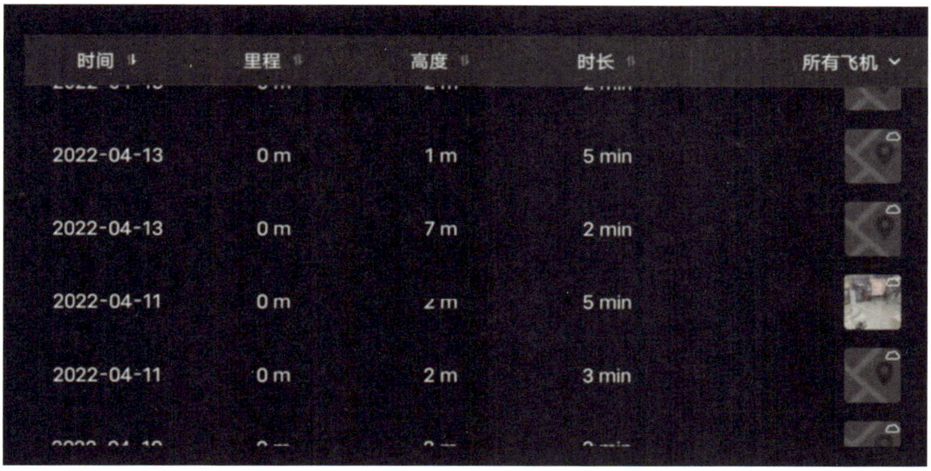

图 1.14　飞行记录

课后练习

1. 在什么环境下需要进行 IMU 校准？
2. 若飞行过程中图传信号丢失，该如何解决？

项目 2　航拍摄影基础知识

项目引入

航空摄影是多元化的平面视觉艺术，因此，航空摄影需要以设计思维为导向进行视觉语言的设计，以充分呈现信息传递。一名合格的航拍无人机操控人员，除了要掌握无人机飞行技术之外，还需掌握摄影基础知识及技巧，这样才能拍摄出理想的作品。

学习目标

▶ 知识目标

1. 了解航拍光与色彩的基本概念；
2. 熟知航拍相机的基本设置；
3. 熟知航拍平台的基本设置；
4. 明确航拍不同场景的展现形式。

▶ 技能目标

1. 掌握无人机航拍的参数设置；
2. 能够根据拍摄场景选择合适的航拍模式；
3. 学会有效运用光和色。

▶ 思政目标

1. 培养对美的感知和欣赏能力，通过航拍摄影实践，提升艺术修养和审美水平；
2. 鼓励在航拍实践中发挥创造力，探索新的拍摄方法和视角，培养创新思维；
3. 通过航拍摄影，记录和展示中国的自然景观和文化遗产，增强民族文化自信和传承意识；
4. 在航拍活动中，强调对设备和数据的保护，培养责任心和职业操守；
5. 强调理论知识与实际操作的融合，在掌握航拍技术的同时，能够灵活将其运用于实际拍摄中。

任务 2.1　　航拍用光与色彩

○ **任务描述**

航拍用光与色彩 1

航拍用光与色彩 2

航拍用光与色彩 3

摄影是一门光和色的艺术，光线条件不同，照片效果就会存在差异；色彩不同，视觉体验也会不同。要拍出好的摄影作品，我们需要了解光线的特点，运用不同光线的性质、方向，掌握不同光线拍摄的时机，同时也要注意排除容易造成混淆或有违色彩组合方案的因素。通过本任务的学习，读者可以了解光的分类、色温与色彩等相关理论知识，并明确光与色在航拍中的具体应用。

○ **任务内容**

光的分类

2.1.1　光的分类与特点

1. 光的分类

按照光线照射到被摄物体的方式，可以将光分为"直射光"和"散射光"，或者"硬光"和"软光"；按光线和拍摄角度之间的关系，可以将其分为"顺光""侧光""逆光"和"顶光"等。

1）直射光

直射光又称为硬光。光线未经任何遮挡、折射，直接照射在景物上的光为直射光。图 2.1 所示为直射光画面，其具有质感硬朗、立体感强、色彩鲜艳的特点。通常情况下，晴天的太阳光都是直射光，物体投下明确的、边缘清晰的影子，该场景下的航拍影像会产生强烈的线条和纹路。

图 2.1　直射光画面

2) 散射光

散射光又称为软光，太阳光经过遮挡后形成漫射的光线为散射光。最柔和的光线来自全阴天的天空。图 2.2 所示为散射光画面，具有柔和唯美、真实感强的特点，适合表现唯美的风景或人像、色彩鲜艳的花海、细节丰富的建筑物等。

图 2.2　散射光画面

3) 顺光

正面投向被摄物体的光为顺光，其投射方向和拍摄方向相同。图 2.3 所示为顺光画面。在顺光环境下，被摄物体受光均匀，大部分画面光线充足，其阴影被景物自身遮挡，不会产生明显的明暗对比。由于顺光画面重点不够突出，画面的立体感也有所欠缺，因而常用于主体和背景清晰的拍摄场景。

图 2.3　顺光画面

4) 侧光

侧面投向被摄物体的光为侧光，图 2.4 所示为侧光画面。一般而言，被摄物体面向光源的一面会非常突出；相反，背向光源的一面则会被削弱，其投射方向和拍摄方向成一定夹角，常见的有45°前侧光和90°侧光。使用侧光进行航拍时，要注意硬光的使用。消费级无人机相机的宽容度较低，如果使用硬光，要注意适度，否则被摄物体处于暗部的细节将得不到任何体现。使用软光会使明暗过渡比较自然。

图2.4　侧光画面

5) 逆光

背面投向被摄物体的光为逆光，其投射方向和拍摄方向相反。图2.5所示为逆光画面，在逆光环境下，被摄物体的影子出现在景物的前方，正面很难得到正常的曝光，其细节层次流失，但亮部与暗部分界清晰，易于表现轮廓。逆光常用于渲染气氛，忽略景物或建筑物的局部细节，制造明暗对比极强的剪影效果，也可以拍摄透明物体。

图2.5　逆光画面

6) 顶光

从被摄物体正上方投向被摄物体的光为顶光。正午的阳光为最常见的顶光环境，如图 2.6 所示。在顶光环境下，被摄物体的影子出现在景物的下方。无人机从空中正扣俯拍，顶光就变成了顺光，影子随之消失，照片就会显得平静、自然；若从正面平拍，阴影则清晰可见。

图 2.6　顶光画面

2. 不同时刻的光线特点

一天中，太阳围绕地球移动位置，光线颜色也会在黎明和黄昏间发生变化。另外，受到天气或其他诸如雾气和烟尘等大气条件的影响，照明条件也存在不同。因此，了解不同时刻光线的特点，有助于航拍人员选择符合创作意图的拍摄时刻。

1) 日出之前

图 2.7 所示为日出前半小时的画面，天蒙蒙亮，没有阳光直射，光线柔和，景物会呈现冷色调，适合表现静谧、干净、清爽的主题。由于光线较暗，需要适当延长曝光时间。

图 2.7　日出前半小时的画面

2) 上午八九点和下午三四点

上午九点之前和下午三点之后是侧光拍摄的好时机，也是航拍常用的时段。图 2.8 所示为上午八九点的画面，此时光线明亮，比较容易获得准确的曝光值，拍摄效果更有质感，影子也更自然，拍摄画面层次丰富，色彩鲜艳。这个时段也适宜拍摄利用光影表现的作品，可以将影子安排在突出的地方，让影子成为被摄主体，利用较亮的拍摄环境对黑色的影子进行衬托，强烈的色彩对比效应会更吸引观赏者的视线，使照片产生强烈的视觉冲击力并增添照片的趣味性。

图 2.8　上午八九点的画面

3) 正午

图 2.9 所示为正午时刻的画面，无论对于航拍还是普通的数码摄影，正午都是比较少用的拍摄时段。此时日照强烈，阳光从头顶直射，画面容易显得平淡。

图 2.9　正午时刻的画面

4) 日落之前

图 2.10 所示为日落之前的画面，天空中常有暖色调的云彩。此时太阳角度很低，可拍摄较长的影子，或通过被摄物体剪影营造氛围，还可直接拍摄太阳。当日光渐渐变暗时，

景致每时每刻都在发生着变化。在天空中尚有足够的日光使地平线依然能够辨认，而大多数建筑中的灯光已经亮起，这段短暂的时间对拍摄风光照片非常有利，同时也是拍摄水面、倒影很好的时机。日落之前由于光线强度较弱，色调偏暖，因此在拍摄草地和麦田等较为平缓的景物时会给人以温暖柔和的感觉。

图 2.10　日落之前的画面

5) 日落之后

图 2.11 所示为日落之后的画面，天空呈蓝色，也是风光摄影师们通常所说的"蓝调时间"。城市的灯光已经亮起，非常适合拍摄美丽的城市夜景，可运用慢门拍摄夜幕落下的过程、云彩的变化以及车辆运动的轨迹等。

图 2.11　日落之后的画面

6) 夜晚

图 2.12 所示为夜晚的画面，此时天已全黑，拍摄目标有所局限，较适合拍摄城市的灯光、烟火，延时俯拍道路上的车流。

图 2.12　夜晚的画面

2.1.2　色温与色彩

1. 色温

色温是指光源所发出的光的颜色的冷暖程度，它是用来描述光源发出的光的颜色特性的一个参数。色温的单位是开尔文（K）。表 2-1 所示为不同时刻自然光源的色温值，图 2.13 所示为不同色温的效果对比。色温的高低与颜色的冷暖相反，低色温产生"暖"的红色，如图 2.14 所示，而高色温产生"冷"的蓝色，如图 2.15 所示。

表 2-1　不同时刻自然光源的色温值

光　源	色温 /K
朝阳及夕阳	2000
日出后一小时阳光	3500
早晨及午后阳光	4300
平常白昼	5000 ～ 6000
晴天中午太阳	5400
阴天	6000
晴天的阴影下	6000 ～ 7000
雪地	7000 ～ 8500

图 2.13　不同色温的对比效果

图 2.14　低色温"暖"色调

图 2.15　高色温"冷"色调

2. 色彩

色彩是光从物体反射到人的眼睛所引起的一种视觉感受。色彩本身并无冷暖的温度差别，是视觉色彩引起人对冷暖感知的心理联想。利用人对冷、暖不同色调的感受，可以确定摄影作品的主色调，达到拍摄人员想呈现的创作效果。

不同国家和地域，由于历史文化、宗教信仰、生活习性等差异，对色彩的理解和感知不同。我们在陌生的地区拍摄时，也需要先了解不同色彩在当地的特殊含义。图 2.16 为色彩鲜艳的图片，图 2.17 所示为黑色营造神秘感的图片。

图 2.16　色彩鲜艳

图 2.17　黑色营造神秘感

　　造成人的视觉反差强烈的一对色彩叫对比色，如图 2.18 所示。对比色可以让一个重要的景物从其他所有的景物中凸显出来，增强画面的对比效果，突出表现被摄物体之间的差异。

图 2.18　对比色

　　相对对比色而言，颜色变化不太明显使得视觉感受更加和谐自然的色彩叫协调色，如图 2.19 所示。利用协调色拍摄的作品颜色更加柔和。

图 2.19　协调色

2.1.3 实训任务

1. 不同光线条件下对拍摄效果的影响

以小组为单位，利用身边的拍摄工具（包括但不限于无人机、手机等）和照明工具，自行拟定拍摄物，在不同方向、不同材质的光（软光、硬光）照到拍摄物时进行拍照，并收集至少 5 张成果照片。

将收集到的照片进行比对，观察不同光线条件下拍摄成果的区别，并将观察出的区别与感受填写至如表 2-2 所示的表格。

表 2-2　不同光线条件下拍摄效果对比

光线方向	光线材质	区别与感受

2. 不同时间段对拍摄效果的影响

以小组为单位，利用身边的拍照或摄像工具（包括但不限于无人机、手机等），在不同时间段对校园固定位置（如图书馆，校门等）进行拍摄，并收集至少 3 张成果照片。

将收集到的照片进行比对，观察不同时间段拍摄成果的区别，并将观察出的区别与感受填写至如表 2-3 所示的表格。

表 2-3　不同时间段拍摄效果对比

时间	区别与感受

3. 不同颜色的灯光对拍摄效果的影响

以小组为单位，利用身边的拍照或摄像工具（包括但不限于无人机、手机等），在不同颜色的光线下拍摄同一被摄物体。可以是人像拍摄，抑或是静物拍摄。收集至少 2 张成果照片。

将收集到的照片进行比对，观察不同颜色的光线条件下拍摄成果的区别，并将观察出的区别与感受填写至如表 2-4 所示的表格。

表 2-4　不同颜色的灯光下拍摄效果对比

颜　　色	区别与感受

4. 总结

自然光千变万化、复杂微妙。一天中，光线随着时间的变化不断改变，入射方向、角度的强弱都会给摄影造型带来不同的效果。

掌握了光的造型功能，就掌握了用光的技巧。在摄影中，光不仅是照明的前提，也是构图造型的重要条件和因素。对同一景物，不同的用光方法可产生不同的造型、不同的效果，从而表现不同的主题思想。

● 课后练习

1. 软光与硬光的拍摄效果有何区别？
2. "蓝调时间"适合拍摄什么场景？

任务 2.2　航拍相机设置

● 任务描述

无人机航拍需要根据不同的航拍任务设置不同的相机参数，从而获得理想的拍摄效果。通过本任务的学习，读者可以了解航拍相机基本参数的相关知识，并掌握在不同拍摄环境下航拍相机参数的具体设置。

航拍相机设置 1

航拍相机设置 2

○ 任务内容

光　圈

2.2.1　光圈、快门和感光度

光圈、快门和感光度是影响照片曝光的重要因素，通过对这3种参数进行调整，可以使照片曝光适宜，获得合理的曝光值。

1. 光圈

光圈指镜头的通光孔径，是镜头上控制进光量的装置。简单来说，光圈是镜头中央的孔，这个孔的大小决定了镜头单位时间进入光线的多少。孔越大，单位时间进入的光线越多，画面就越亮。光圈的大小可以用一个诸如 f/2.8、f/5.6、f/11 的数字来表示，这称为 f 值。f 值越小，镜头的光圈越大，即光圈的数值越小，光圈孔径越大。完整的光圈值系列为：f/1.0，f/1.4，f/2.0，f/2.8，f/4.0，f/5.6，f/8.0，f/11，f/16，f/22，f/32，f/44，f/64。　图 2.20 所示为不同光圈拍摄的图像对比。

图 2.20　不同光圈拍摄的图像对比

光圈不仅可以控制曝光，还可以控制景深。所谓景深，是指相机在对焦完成后，在焦点前后的范围内都能形成清晰的影像。焦点前后的距离范围一般指画面从前到后的清晰范围。通过调整光圈的大小，可以控制照片的背景虚化程度，得到不同清晰范围的照片。

景深深浅受到光圈镜头及拍摄物的距离影响。如图 2.21 所示为光圈及景深的关系。光圈越大，焦平面越窄，景深越浅，画面中的背景越模糊；光圈越小，焦平面越宽，景深越深，画面中的背景越清晰。航拍相机通常在近距离拍摄主体时才使用浅景深。航拍风光及全景时，在光线充足情况下，使用小光圈、深景深能够获得整体清晰的图像。

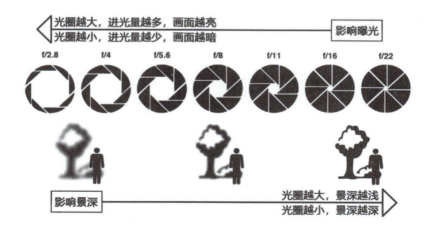

图 2.21　光圈及景深

2. 快门

快门即快门速度，用于控制相机曝光的时间。快门一般用相应的表示时间的数字来进行设定，如 1/125 s、1/60 s、1/2 s 等。

在光圈和感光度不变的情况下，快门速度越慢，曝光的时间越长，进入镜头的光线就越多。

在实际拍摄中可通过对快门的调节实现不同的效果。比如用低速快门来拍摄车流，可以获得如丝如雾般的效果，如图 2.22 所示；用高速快门来拍摄运动的人或物，可以定格主体运动的瞬间，如图 2.23 所示。

快 门

图 2.22　低速快门拍摄车流

图 2.23　高速快门定格动作

3. 感光度

感光度又称 ISO，是胶片对光线的化学反应速度。在数码时代，调整感光度，其实就是控制感光元件对光线的敏感程度，从而控制曝光。感光度用 ISO 加数值来表示，如 ISO100、ISO400、ISO1600 等。感光度越高，对曝光量的需求就越少。ISO200 的胶卷感光速度是 ISO100 的 2 倍，即在其他条件相同的情况下，ISO200 胶卷所需要的曝光时间是 ISO100 胶卷的一半。

感光度对摄影的影响表现在两方面，其一是速度，更高的感光度能获得更快的快门速度；其二是画质，越低的感光度带来更细腻的成像质量，而高感光度的画质则噪点（也叫噪音、颗粒感）比较大。ISO 越高，噪点越明显，甚至对色彩也有影响。为了保证画面质量，在昏暗的场合可在合适范围内提高 ISO 值，如 ISO1600 以下；在光线充足的情况下，尽可能使用低 ISO 值，如 ISO100。如图 2.24 所示为不同感光度下的拍摄效果对比。

(a) ISO100　　　　　　　　　　　　　　　　(b) ISO3200

图 2.24　不同感光度下的拍摄效果对比

2.2.2　曝光

曝光是指在摄影的过程中允许进入镜头照在感光媒体（胶片相机的底片或是数字照相机的图像感测器）上的光量。曝光可以通过光圈、快门和感光度的组合来控制。如图 2.25 所示为不同曝光照片的效果对比。

实际拍摄中主要使用曝光值、曝光补偿和曝光模式 3 种方法。

图 2.25　不同曝光对比

1. 曝光值

曝光值（Exposure Values，EV）在摄影中指画面的曝光量，它表示当前画面的曝光等级。EV 值计算方式如下：

$$EV = 快门 EV 修正值 + 光圈 EV 修正值 - ISO EV 修正值$$

EV 修正值对照表如表 2-5 所示。

表 2-5　EV 修正值对照表

快门速度与 EV 修正值										
快门速度	1	1/2	1/4	1/8	1/15	1/30	1/60	1/125	1/250	1/500	1/1000
EV 修正值	0	1	2	3	4	5	6	7	8	9	10
光圈值与 EV 修正值										
光圈值	1	1.4	2	2.8	4	5.6	8	11	16	22	32
EV 修正值	0	1	2	3	4	5	6	7	8	9	10
ISO 与 EV 修正值										
ISO	100	200		400		800		1600		3200	6400
EV 修正值	0	1		2		3		4		5	6

EV 值默认为 0，0EV 不是表示当前没有曝光量，而是说明当前曝光是按照 18% 度灰的标准进行曝光。当 EV 值大于 0 时，说明画面整体明暗度偏亮；反之，如果 EV 值小于 0，说明画面偏暗。

2. 曝光补偿

曝光补偿是一种曝光控制方式，它会根据相机自动测光结果变更"合适"的曝光参数，让照片更明亮或者更昏暗的拍摄手法。如果环境

曝光补偿

光源偏暗，即可增加曝光值 (如调整为 +1EV、+2EV) 以凸显画面的清晰度。拍摄人员可以根据拍摄需求调节照片的明暗程度，创造出独特的视觉效果。如图 2.26 所示为不同曝光补偿照片的效果对比。

图 2.26　不同曝光补偿对比

3. 曝光模式

1) 自动模式 (AUTO)

在这种模式下，光圈、快门、ISO、对焦方式等所有参数都不需要自己设置，半按快门即可对焦拍照，适合新手。

2) 快门优先模式 (S)

在这个模式下，可以手动设置快门参数，光圈由相机自动匹配。此模式主要用于通过调节快门速度来表现一些特殊效果的时候，比如抓拍天鹅等运动物体时，需高速快门，S挡是最合适的拍照模式。

3) 光圈优先模式 (A)

在这个模式下，可以手动设置光圈参数，快门由相机自动匹配，达到正常曝光。这个模式可实现通过调节光圈大小来呈现虚化或星芒等效果。

4) 手动模式 (M)

在这个模式下，光圈、快门和感光度等参数都可手动设置，上文提到的所有拍照效果均可通过 M 档完成，但 M 档需要具有丰富的拍照经验才能根据周围的光线情况，合理设置各种参数达到曝光正常。

2.2.3　直方图、白平衡和宽容度

1. 直方图

直方图是用来体现图像亮度分布的图表，它显示了画面中不同亮度的对象所占的画面比例。横向代表亮度范围，位置越靠右，代表亮

直方图

度越高；纵向代表像素数量。纵向高度越高，代表分布在这个亮度上的像素就越多。直方图可以用来判断航拍画面曝光是否准确。

正常曝光的图片，直方图一般呈现中间高两边低的现象，如图 2.27 所示。

（a）正常曝光　　　　　　　　　　　（b）正常曝光直方图

图 2.27　正常曝光

像素的波形集中在直方图右边，通常意味着曝光过度，如图 2.28 所示。

（a）曝光过度　　　　　　　　　　　（b）曝光过度直方图

图 2.28　曝光过度

像素的波形集中在直方图左边，通常意味着曝光不足，如图 2.29 所示。

（a）曝光不足　　　　　　　　　　　（b）曝光不足直方图

图 2.29　曝光不足

当通过电子设备屏幕查看航拍画面时，由于其尺寸大小及可调节的亮度程度等因素影响，会使显示的影像与真实影像出现差异，加之外界光线的影响，肉眼往往不能够准确判断拍摄画面是否正常曝光，此时可以参考直方图分布及 EV 值来综合判断并及时调整。

2. 白平衡

在生活中，日光的色温是不断变化的。白平衡的调节，主要是在不同环境下，通过改变色温值，使得相机消除或减轻由于色温变化带来的色差值，从而还原本色。在非特殊环境下，摄影师通常使用 AWB(自动白平衡) 进行拍摄。如图 2.30 所示为白平衡效果。

为了适应不同的场景拍摄，一般白平衡有多种模式，例如自动、晴天、阴天、白炽灯、荧光灯、自定义（可调节色温）等多种模式。拍摄 RAW 格式的照片，可以在后期编辑时无损调节白平衡，而 JPEG 格式的照片虽然也可后期调节色温，但会导致画面细节受损。

(a) 自动模式　　　　　　　　　　　　　　(b) 白平衡模式

图 2.30　白平衡效果

3. 宽容度

宽容度是指在不显著影响画面质量时允许的曝光变化，是一张照片记录最亮和最暗细节与层次的能力。宽容度高，最亮和最暗的光差展现会比较广阔，不同亮度的画面细节能够被完好地保留下来；宽容度低，光差的展现局限在一片小区域之内，在这片区域之外的画面将不被记录。如图 2.31 所示为相机宽容度效果对比。

(a) 欠曝图片　　　　　　(b) 佳能拍摄调整后　　　　　(c) 索尼拍摄调整后

图 2.31　相机宽容度效果对比

2.2.4　实训任务

1. 不同亮度下航拍相机的设置

选取晴朗天气的下午和傍晚作为拍摄时间，对航拍相机的相关参数进行设置，并进行拍摄。拍摄过程中可以手持无人机进行设置以及拍摄，不必进行起飞。

1) AUTO 模式拍摄

选取自动模式，在相似时间段进行拍摄，方便与后面拍摄的图片进行对比。

2) 对 ISO 值进行调整

(1) 设置感光度，将 ISO 值调整至 200 进行拍摄，获得成果照片。

(2) 将 ISO 值调整到 800 进行拍摄，获得成果照片。

(3) 将两张照片与自动模式下拍摄的照片进行对比，并将区别填入表 2-6。

表 2-6　ISO 效果对比

ISO 值	与其他照片的区别
自动	
200	
800	

3) 对光圈进行调整

(1) 将相机档位调整至 M 挡，将 ISO 值固定在 100，快门速度固定在 1/160，光圈 f2.8 进行拍摄，获得对比照片。

(2) 调整光圈至 f5.0 进行拍摄，获得成果照片。

(3) 在其他数值不变的情况下，将光圈调至 f11.0 进行拍摄，获得成果照片。

(4) 将 3 张照片与自动模式下拍摄的照片进行对比，并将区别填入表 2-7。

表 2-7　光圈效果对比

光圈值	与其他照片的区别
2.8	
5.0	
11.0	

4) 对快门速度进行调整

(1) 将 ISO 值固定在 100，光圈值 f2.8，调整快门速度为 1/120 进行拍摄，获得成果照片。

(2) 在保持其他值不变的情况下，调整快门速度为 1/240 进行拍摄，获得成果照片。

(3) 将两张照片与自动模式下拍摄的照片进行对比，并将区别填入如表 2-8。

表 2-8　快门效果对比

快门速度	与其他照片的区别
自动	
1/120	
1/240	

5) 对 EV 值进行调整

(1) 将 ISO 值和快门恢复为自动模式。

(2) 将 EV 值加 2.0 进行拍摄，获得成果照片。

(3) 将 EV 值减 2.0 进行拍摄，获得成果照片，并将区别填入如表 2-9。

表 2-9　EV 效果对比

EV 值	与其他照片的区别
自动	
加 2.0	
减 2.0	

2. 总结

通过上述实践操作，结合所学理论知识进行验证，得出光圈、快门和曝光度之间的关系和适用场景。

○ 课后练习

1. 光圈、快门、感光度如何影响照片曝光？

2. 正常曝光照片的直方图呈现形式是什么？

任务 2.3　航拍平台

航拍平台 1

航拍平台 2

○ 任务描述

目前无人机航拍摄影是较为普遍的一种拍摄方式，它相较于普通摄影的操作难度更高。通过本任务的学习，读者可以了解航拍云台、相机和影像储存方式等基础理论知识，并掌握在不同任务下航拍相机的具体设置。

○ **任务内容**

2.3.1 云台概述

云台是摄像中用于安装、固定摄像机的支撑设备，它分为固定式航拍云台、电动可调节云台及手持云台 3 种。它不直接接收图像，而是通过控制摄像机或其他设备的转动方向来接收图像，是承载摄像机进行水平和垂直方向转动的装置。

1. 固定式航拍云台

固定式航拍云台适用于小范围场景拍摄，在固定式航拍云台上安装好摄像机后可调整摄像机的水平和俯仰的角度，达到最好的工作姿态后，仅需锁定调整机构即可。固定式航拍云台的优点是能够降低成本、减轻重量、节省电量，从而增加飞行时间；缺点是航拍画质较差、无法改变视角。

2. 电动可调节云台

电动可调节云台适用于大范围场景拍摄，它可以扩大摄像机的拍摄范围。在控制信号的作用下，云台上的摄像机既可以自动锁定目标区域，也可以在技术人员的操作下跟踪目标对象。电动可调节云台根据其旋转的特点可分为只能左右旋转的水平旋转云台和既能左右旋转又能上下旋转的全方位云台。

3. 手持云台

手持云台实质上和无人机上搭载的三轴稳定航拍云台一样。手持云台复杂的操作通过电子稳定系统简单化，让所有人都可以简单地拍出非常细致且完美的镜头。在拍摄过程中，手持云台能够获取实时数据计算出倾斜角，然后把数据通过 PID 算法将校正参数传递给电机。简单来说，拍摄人员身体左倾，电机就往右校正；若往前倾，电机就往后校正，通过这种相互抵消来实现拍摄画面的稳定。

2.3.2 相机概述

航拍时使用第三方相机不利于图像传输和相机参数的控制。目前大部分航拍无人机都安装了云台相机，以获得更加稳定的视频画面，并且可以随时调整相机角度。有特殊要求的航拍场景，则需要配备专业的相机、摄像机，对无人机的兼容性提出了较高要求。目前，市面上流行的单反相机、无反相机都可以搭载到无人机上。

无人机遥控器的操作界面如图 2.32 所示。

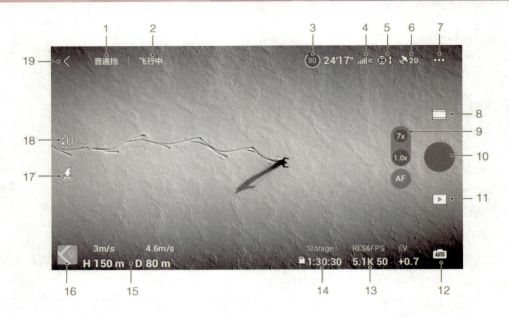

1—飞行档位；2—无人机状态指示栏；3—智能飞行电池信息栏；4—图传信号强度；
5—视觉系统状态；6—GNSS 状态；7—系统设置；8—拍摄模式；9—长焦相机；10—拍摄按键；
11—回放；12—相机挡位切换；13—拍摄参数；14—存储信息栏；15—飞行状态参数；
16—地图；17—自动起飞／降落／智能返航；18—航点飞行；19—返回。
图 2.32　无人机遥控器的操作界面

目前市面上常见的无人机相机多为定焦相机，配备多种拍照模式，每种模式都有其特定的应用场景和特点，以满足摄影师在不同光线条件下的拍摄需求。同时，相机的镜头在捕捉光线、形成图像方面也起着至关重要的作用。而长焦相机作为一种特殊的镜头配置，在某些拍摄场景下具有独特的优势。

1. 拍摄模式

1）录像模式

录像模式包含普通、探索及夜景等多种方式。

普通模式下支持变焦，探索模式可调节变焦；探索模式下，无人机旋转角速度会随着变焦倍数的增大而减小，以获得更平滑的画面；夜景模式可获得更好的降噪效果及更纯净的夜景画面。

2）拍照模式

拍照模式包含单拍、探索、连拍、AEB（自动包围曝光）连拍、定时拍等多种方式。合理地利用好不同拍摄模式，能够为照片后期处理提供更多可用的素材。

单拍是最为常用的拍照模式，拍摄时，每次按下快门即可拍摄一张照片；探索模式支持 1～28 倍变焦拍摄，常用于勘验和探路；连拍是指按下快门不放，相机可以进行连续拍摄，常用于抓拍运动的对象，通过在短时间内拍摄多张照片，从中选出一张最满意的，可以大幅提高成功拍摄的概率，同时也可以用于风速较快的时候或者夜间拍摄后期合成，有效提高出片率；AEB 连拍是使用不同的曝光补偿值连续拍摄 3 或 5 张照片（分别为标准、欠曝、过曝），再通过后期合成可以获得一张曝光正确动态范围比较大的照片；定时拍是通过设定时间间隔进行自动拍摄。

3) 一键短片

一键短片包含渐远、冲天、环绕、螺旋、彗星、小行星等多种方式。

渐远表示无人机面朝目标，边后退边上升，镜头跟随目标拍摄；冲天表示无人机竖直向上飞行，镜头俯视目标拍摄；环绕表示选择环绕方向后，无人机以当时与目标的距离为半径，按照设置方向环绕一圈进行拍摄；螺旋表示无人机以当时与目标的距离为初始半径，参照黄金螺旋曲线上升且后退，环绕拍摄目标飞行一圈并拍摄；彗星表示无人机以初始地点为起点，椭圆轨迹飞行绕到目标后面，并飞回起点拍摄；小行星采用轨迹与全景结合的方式，完成一个从全景到局部的漫游小视频。无人机以拍摄目标为中心，远离同时上升到一定高度拍摄，并以飞行最高点为全景照片的初始位置拍摄全景照片，最后的合成全景图为星球效果，生成视频播放顺序与飞行轨迹相反。注意，使用一键短片功能时，需确保无人机周围有足够空间。

4) 大师镜头

大师镜头包含人像、近景或远景 3 种拍摄飞行轨迹。用户锁定拍摄目标后，无人机会根据拍摄目标的类型和距离自动匹配 3 种不同的飞行轨迹。在人像子模式下，摄像机会自动执行缩放变焦，拍摄中景环绕、近景环绕等多种方式的视频画面；拍摄景物时，无人机测算与拍摄目标之间的距离后，自动选取近景或远景拍摄轨迹，并拍摄不同视角的视频画面。

大师镜头可以看作一键短片的终极版，这个模式的主旨是帮助新手用户自动拍出高质量的视频，用户不需要参与拍摄的过程，即用预设模板的方式自动完成拍摄、运镜以及剪辑和配乐的完整流程，直接获得拍摄成果。

5) 延时摄影

目前航拍无人机的操作软件都内置了延时拍摄的功能，可以通过设置拍摄间隔来拍摄需要的延时照片，后期通过 PR 等类似的软件进行合成。常用的延时摄影包含自由、环绕、定向、轨迹等方式。

自由延时摄影通过设置拍摄参数，无人机会自动计算出拍摄的时间长度和照片数量，并按照前面保持的飞行动作进行自动拍摄，最后生成延时视频。无人机未起飞状态下，可在地面进行拍摄；起飞状态下，用户可通过遥控器自由控制无人机和云台角度。

环绕延时摄影需要选定一个环境中反差界限清楚、可以容易被摄像机辨认的景物，并设置拍摄参数及环绕方向等参数后方可进行拍摄。

定向延时拍摄是按直线飞行，需要将无人机对准拍摄目标的方向并通过设置拍摄参数来进行拍摄，需要注意的是定向延时存在一定程度的左右漂移现象，并不一定能够达到我们所理想的纯直线飞行状态。所以，延时摄影的拍摄需要尽量选择在无风的天气下进行。

轨迹延时就是将无人机飞行的轨迹分为几个关键点记录下来，并规划出一条理想的飞行路线。轨迹延时最大的不同点是可以把无人机飞行中不同的规划点，包括飞行航向、高度、速度、相机俯仰角度等主要参数记载下来，还能将飞行轨迹路线保存下来，在其他飞行作业中载入飞行路线，即可让无人机按照历史轨迹再次飞行。

6) 全景模式

全景模式包含球形、180°、广角、竖拍等方式。球形全景是指无人机向各个方向 (360 度) 拍摄多张照片后自动拼成一张球形全景照片；180 度全景是横向拍摄拼接的全景照片，设置好参数并按下快门后，无人机会自动拍摄多张照片后合成为全景图，这是实拍中最常用的一种；广角全景模拟超广角镜头的效果；竖拍全景是上中下拍多张照片后合成全景，特别适合拍摄高楼大厦和表现道路的纵深感。

2. 长焦相机

长焦相机是具有较大光学变焦倍数的相机，而光学变焦倍数越大，能拍摄的景物就越远。长焦镜头相对于标准镜头来说，其最显著的特点是在相同的距离内获得的视角较小，可以将很远距离的景物“拉近”到眼前，并使景物充满画面。长焦镜头受到空气对光线吸收和散射的影响较大，要达到精确调焦很不容易，使用自动对焦模式拍摄时，对焦速度较慢。

2.3.3 影像存储方式

无人机机身内部配置固定大小的存储空间用于存储拍摄的影像，并配备 microSD (以下简称 SD) 卡槽用于存储空间的扩展。高质量视频或图片的拍摄，要求存储设备支持快速写入，故在拍摄前需选取合适规格的 SD 卡以保证拍摄性能。

无人机照片存储模式有 JPEG/RAW/JPEG+RAW 3 种。JPEG 是日常图片常见的处理格式，是拍摄后进行简单处理得到的图像，虽然丢失了一些细节，但是内存占用较小；RAW 则保留了传感器的原始信息，在后期处理时能提供更多的处理空间；RAW+JPEG 则表示相机存储两张照片，一张是 JPEG 格式，另一张是 RAW 格式，方便后期处理，也是用户选择最多的一种方式。

在使用 SD 卡时需注意以下 3 点：

(1) 请勿在无人机开启的时候插拔 SD 卡；

(2) 录像过程中插拔 SD 卡或在电源开启的情况下拆下电池，可能导致 SD 卡损坏或者存储数据丢失；

(3) 请正确关闭智能飞行电池，否则相机的参数将不能保存，且正在录制的视频会损坏。

课后练习

1. 常见的云台包含哪几种类型？

2. RAW 与 JPEG 图片格式有何区别？

项目 3　无人机航拍摄影应用

项目引入

　　无人机航拍摄影技术可广泛应用于国家生态环境保护、矿产资源勘探、海洋环境监测、土地利用调查、水资源开发、农作物长势监测与估产、农业作业、自然灾害监测与评估、城市规划与市政管理、森林病虫害防护与监测、公共安全、国防事业、数字地球以及广告摄影等多个领域，有着广阔的市场需求。

学习目标

▶ 知识目标

1. 了解航拍任务规划的步骤；
2. 了解航拍素材的整理方法。

▶ 技能目标

1. 掌握无人机航拍任务实施过程；
2. 掌握无人机航拍脚本编写方法；
3. 掌握无人机航拍的运镜技巧。

▶ 思政目标

　　1. 通过任务规划和实施，培养计划性和执行力，提高项目管理能力，坚持与时俱进，善于思考，勇于创新；

　　2. 培养安全意识，始终强调安全操作，预防飞行风险，养成定期反思与总结的习惯，改进不足，精益求精；

　　3. 在航拍活动中，注意遵守相关法律法规，尊重隐私权和原创，保护版权，养成良好的团队协作精神，强化组织沟通能力；

　　4. 在特殊时段如夜间或恶劣天气条件下航拍时，强调尊重和保护环境。

任务 3.1　无人机航拍技巧与智能应用

● 任务描述

无人机航拍
照片拍摄 1

无人机航拍
照片拍摄 2

无人机航拍
照片拍摄 3

　　随着无人机技术的不断进步，无人机航拍也被人们广泛应用于各个领域。在进行无人机航拍前，了解拍摄的构图技巧以及掌握航拍任务规划方式和流程对航拍效果至关重要。那么，如何进行航拍构图？如何进行航拍任务规划？通过本任务的学习，读者可以了解航拍构图、航拍运镜技巧、多种拍摄手法以及智能应用，并在此基础上完成相应的实训任务。

● 任务内容

无人机航拍
照片拍摄 4

无人机航拍
照片拍摄 5

无人机航拍
照片拍摄 6

3.1.1　航拍构图

　　在进行航拍构图时，不仅要关注画面的美感，还要充分利用这一视角的优势，创造出具有冲击力和表现力的作品。下面将从景别、图形元素和常见构图法 3 个方面详细阐述航拍构图的艺术。

1. 景别

　　景别是指被摄主体和画面形象在取景框架结构中所呈现出的大小和范围。决定景别大小的因素有两个方面：一是相机和被摄物体之间的实际距离，二是相机所使用镜头的焦距长短。

　　1) 景别的分类

　　景别一般可分为 5 种，由近至远分别为特写、近景、中景、全景和远景。

　　（1）特写。特写通常用于表现人或物的部分特征，画面突出某一元素细节，如图 3.1 所示。特写一般用于一些特定用途，如电网巡线、事故勘察等。需要注意的是，拍摄建筑物或者自然风光时，无人机不要靠被摄物体太近。

图 3.1　特写

（2）近景。近景拍摄使景物周边的环境渐渐模糊甚至消失，照片只突出某一个元素并将其完整地展现出来，如图 3.2 所示。

图 3.2　近景

（3）中景。中景突出场景中的单独元素，并能使观赏者更容易识别这些元素，但这类照片仍由环境主导，如图 3.3 所示。

图 3.3　中景

（4）全景。全景照片可以将主体呈现得更近，以概貌的形式为观赏者展示一些可以粗略识别的元素，但缺乏具体的细节。如图 3.4 所示，观赏者只能看到街道和房屋的俯瞰照片。

图 3.4　全景

（5）远景。远景可以展现出所有景象，并给观赏者带来全景概貌的拍摄方式，多出现在风光摄影中，它可穿越整个河谷、整片草地和田野或者一座城市的视线。观赏者可以俯瞰景物的全景并能够展现其整体结构，具有包罗万象的效果，如图 3.5 所示。

图 3.5　远景

2) 景别在航拍中的应用

航拍中不同景别的应用，是通过调整相机与被摄主体之间的实际距离来实现的，即操控无人机飞近或者飞远。

　　大景别的航拍需要无人机以较快的速度飞行。拍摄大场景时，由于距离拍摄主体较远，飞行速度对于画面的影响极不明显，画面很容易变成"照片"，这时需要加快速度飞行。

　　小景别的航拍与大景别相反。在小景别航拍中，被拍摄物体在画面中的比重较大，拍摄主体往往占据了大部分画面，过快的速度会让云台操控员很难将被拍摄物体保持在画面中的理想位置上。通常使用的方式是，无人机以较快的速度接近被拍摄物体，在快接近被拍摄物体时无人机减速，确保云台操控员能够跟住被拍摄物体。

2. 图形元素

　　作为构成视觉艺术的基本单元，图形元素以其独特的形态与组合方式，赋予了作品生命和灵魂。它们不仅仅是视觉上的呈现，更是情感与思想的载体。在众多图形元素中，点线与形状以其基础而强大的表现力，成为设计领域不可或缺的基石。下面将深入探讨这3种元素。

　　1）点

　　点是最小的图形元素，是指整个图像中的一个小区域，且这个小区域与图像的其余部分和周围环境都形成了强烈的反差。一般而言，只要图形元素与整个图像区域比起来很渺小，就可以将其视为点。点可以吸引人的目光、能够第一时间被人发觉并成为照片的中心，如图3.6所示。

图 3.6　点

　　除此之外，当图像中有多个点时，观赏者在欣赏照片时会不自觉地将这些点连在一起，使之形成一条虚构的假想线。

　　2）线条

　　线条是一种动态的图形元素，是最有效的构图方式之一。它不仅能吸引观赏者的注意，还能够引导观赏者的视线，如图 3.7 所示。

图 3.7　线条

　　在引导观赏者的视线时，并不是所有线条都具有同样重要的作用。线条对观赏者视线的辅助作用取决于很多方面，如线条的粗细、颜色、亮度、纹理和与周围环境的对比等。通常，较长的线条效果比较短的线条效果更为强烈，但是太长的、超出图像区域的线条则无法引导观赏者的视线，反而会将整个图像区域分开。同时，线条还承担一部分图像框架和外边界的作用。

　　（1）垂直线条。垂直线条的定位遵循与水平线条相似的模式：中间的垂直线条看起来静态、枯燥，按黄金比例排列的垂直线条显得很均衡，而靠近图像边缘的垂直线条更加引人注目，如图 3.8 所示。

图 3.8　垂直线条

（2）斜线。图像中的所有斜线都会给照片带来一种动态、生动而又不平静的效果。同时，倾斜的角度也决定了照片的动态感和视觉上的紧张感，如图 3.9 所示。

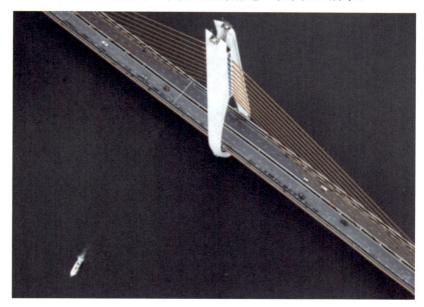

图 3.9　对角线

（3）消失线。消失线汇聚于照片中的一个点（图像内部或外部）并赋予照片一种特殊的立体感。如果在消失点上或者在其附近放置了一个非常重要的图像元素，那么就可以完美地运用这种线条来引导观赏者的视线，之后观赏者的视线还会不自觉地再次回到这个位置。消失线会为照片带来一种非常强烈的三维立体感，如图 3.10 所示。

图 3.10　消失线

（4）弧形线条。弯曲的、自由走向的弧形线条会产生一种随机、自然、柔和的效果，它们缓慢而轻柔地引导着观赏者的视线在照片中穿梭，如图 3.11 所示。

图 3.11 弧形线条

3) 形状

事物的外轮廓往往能形成特有的形状，不同形状的物体给人的心理感受也不尽相同。常见的形状有圆形、椭圆形、三角形、矩形、正方形、菱形、星形和十字形等。在航拍时应学会寻找物体的形状，可以为作品带来更大的趣味性。

(1) 圆形和椭圆形。圆形和椭圆形是最显眼的形状，它们看起来是封闭的，能产生一种不可触及的、完整而稳定的效果。对于较小的圆形和椭圆形，如果在它旁边放置另外一个较为显眼的图像元素，那它同样可以继续吸引观赏者的注意。图 3.12 所示为圆形图像。

图 3.12 圆形

(2) 三角形。三角形具有动态的形状，等边三角形能带来稳重均衡的效果，而等腰三角形能带来更强的动感，如图 3.13 所示。如果三角形的三边都不等长，这种形状就失去了稳定性，成为一个不稳定的图像因素。

图 3.13　三角形

(3) 矩形、正方形和菱形。矩形和正方形只要有一条边与图像边缘平行，所产生的效果总体上都是稳定的、静态的，但是往往也会给人造成单调甚至无聊的感觉。菱形看起来更加不稳定、令人兴奋，但也因此更能吸引观赏者的视线。图 3.14 所示为矩形图像。

图 3.14　矩形

（4）星形和十字形。星形和十字形虽然不属于几何形状，但是由于其精确的外形，在照片中会尤为突出，并且都能赋予照片一种动态效果。星形引导观赏者的视线从中心向外扩散，之后再次回到中心，而十字形类似一个标记，能够将观赏者的视线带到某个特定的点和线相交处，如图 3.15 所示。

图 3.15　星形和十字形

（5）形状组合。同类形状的组合会形成一种韵律，使得画面中的其他元素都成为次要元素，如多个矩形或者圆形的组合，如图 3.16 所示。

图 3.16　矩形组合

3. 常见构图法

构图是摄影前期最重要的事情之一，进行航拍操作之前，首先要进行构图，构图的好坏直接影响到画面的视觉感受。好的构图可以突出拍摄主体、吸引视线、简化杂乱、均衡画面，使画面更加具有艺术性和故事性。相反，一个不好的构图，则会使画面美感大打折扣。下面介绍几种航拍中常用的构图手法。

航拍常见构图法

1) 井字构图法

井字构图法也称作三分构图法，在摄影构图时，画面的横向和纵向平均分成 3 份，"井"字的 4 个交叉点就是主体的最佳位置。一般认为，主体位于右上方的交叉点最为理想，其次为右下方的交叉点，但也不是一成不变的。这种构图方式较符合人们的视觉习惯，使主体自然成为视觉中心，具有突出主体、均衡画面的效果，如图 3.17、图 3.18 所示。

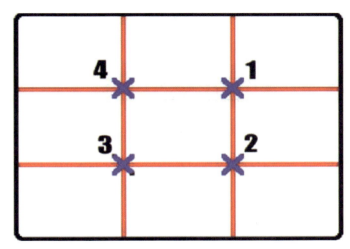

图 3.17　井字构图法一

图 3.18　井字构图法二

2) 两分构图法

两分构图法就是将画面分为等份的两部分，营造出宽广的气势。风景照中，一半天空一半地面，两部分的内容显得沉稳、和谐，但画面冲击力方面略欠，如图 3.19 所示。

图 3.19 两分构图法

3) 对称式构图法

对称式构图法即按照一定的对称轴或对称中心，使画面中的景物形成轴对称或者中心对称图形，如果前期没法完全对称，也可以通过后期进行校正和裁剪。这种构图方式具有平衡、稳定的特点，符合人们的审美趋向，在航拍中常用于建筑、风景、隧道等的拍摄，如图 3.20 所示。

图 3.20 对称式构图法

4) 中心点构图法

中心点构图法是将主体放置在画面中心进行构图，这种构图方式的优点在于主体突出、明确，画面容易取得左右平衡的效果，比较适合严谨、庄重和富于装饰性的摄影作品，如图 3.21 所示。

图 3.21　中心点构图法

5) 对角线构图法

对角线构图法是指主体沿画面对角线方向排列，旨在表现出动感、不稳定性或生命力等感觉。不同于常规的横平竖直，对角线构图对欣赏者来说，画面更加舒展、饱满，视觉体验更加强烈，如图 3.22 所示。

图 3.22　对角线构图法

3.1.2 航拍运镜技巧

无人机航拍运镜技巧是指无人机在运动过程中所拍摄的镜头手法。不同的运镜方式，可以表达场景中不同的情绪。

航拍运镜技巧

1. 旋转镜头

旋转镜头主要有 4 个作用：① 展示主体周围的环境，展现空间，扩大视野，而非主体本身；② 增强镜头的主观性；③ 通过依次展现不同主体，暗示其相互之间的特殊关系；④ 用于制造悬疑感或期待感。

以主体为中心环绕拍摄，可以引导观众将视线聚焦于主体上。图 3.23 为旋转镜头的拍摄效果。

图 3.23　旋转镜头的拍摄效果

2. 俯仰镜头

作为影视拍摄中极具表现力的手法之一，俯仰镜头通过镜头的上升与下降，巧妙地实现了视觉空间的拓展与压缩，为观众带来了丰富多变的视觉体验。下面将分别探讨拉升镜头与下降镜头的具体应用及其所营造的视觉效果。

1) 拉升镜头

拉升镜头是指将云台相机镜头呈 90°垂直向下拍摄，无人机缓慢上升，拍摄画面由局部逐步扩展到整体，使拍摄画面更具有层次感。图 3.24 为拉升镜头的拍摄效果。该手法可用于拍摄高大的建筑物或高山，有助于展现高大物体的局部细节。

图 3.24　拉升镜头的拍摄效果

在拍摄带前景的主体时，无人机上升越过前景，然后进行场景转换，营造出豁然开朗的画面感。无人机在上升的同时，云台相机镜头向下摇，一方面使主体产生变化，由中间的人物变为顶端的人物，另一方面，镜头下摇能够展现主体全貌，揭示主体所在的环境，同时交代人物关系。

2) 下降镜头

下降镜头是指将云台镜头呈 90°垂直向下或水平朝前，拍摄画面由大环境逐步缩小到拍摄主体，进而引导观众的视线聚焦在拍摄主体上。图 3.25 为下降镜头的拍摄效果。云台镜头水平朝前，运用下降镜头，使画面从后景的赣江江面过渡到滕王阁楼的全貌，实现场景的自然转换。

图 3.25　下降镜头的拍摄效果

3. 环绕镜头

环绕镜头又称为刷锅，是指拍摄的主体不变，使用无人机环绕主体做圆周运动，云台相机始终跟随主体，并将主体置于画面中央拍摄的镜头。图3.26为环绕镜头示意图。

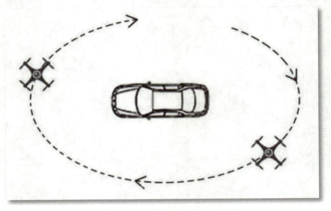

图 3.26　环绕镜头示意图

无人机环绕拍摄，可以使主体空间得到充分展示。图3.27为环绕镜头的拍摄效果。用远距离环绕镜头拍摄主体，可以更加清晰地展示主体的全貌。

图 3.27　环绕镜头的拍摄效果

4. 追踪镜头

追踪镜头是一种常用的移动镜头，无人机分别从前面、后面和侧面伴随被摄主体运动，给观众一种由被摄主体带入某个画面的感受。被追踪的对象往往是人物、动物或车辆等。

追踪目标有两种情况：追踪低速运动的目标和追踪高速运动的目标。一般来说，追踪高速运动的目标时，需要无人机操控人员和云台操控员的默契配合才能拍出好看的镜头。如果是拍摄固定线路的移动目标，则利用智能飞行预设好航线，等待目标到达指定位置后执行航线即可。

追踪拍摄移动目标需要多加练习，才能在实际运用中如鱼得水，拍出理想的镜头效果。

5. 侧飞镜头

侧飞镜头是指无人机位于被摄主体的侧面运动所拍摄的画面，如图 3.28 所示。无人机运动方向与被摄主体的位置关系通常有平行和倾斜两种。

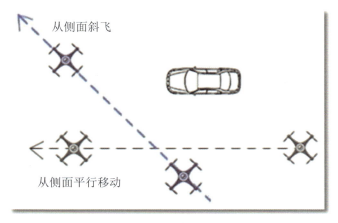

从侧面斜飞

从侧面平行移动

图 3.28　侧飞镜头示意图

当场景中的元素比较多时，无人机与场景运动平行拍摄的镜头能够连续性地展示场景中的元素，拍摄的画面会像一幅画轴延展开来，通常用来表现环境信息。图 3.29 为侧飞镜头的拍摄效果。侧面拍摄中景甚至近景时，画面中的元素快速变化，充满了未知和期待感。

图 3.29　侧飞镜头的拍摄效果

以带前景的画面为起幅利用无人机侧飞拍摄，一方面能够为主体的出场制造期待感，另一方面能够呈现主体与环境的关系，这类镜头通常用于拍摄主体出场。无人机侧飞的速度与主体的速度保持一致，主体在画面中的位置相对静止，展示了主体的运动方向及状态，使观众的视线能有所停留。在汽车广告或公路电影中，常会见到这类镜头。

对于大疆悟系列无人机，在侧飞的同时控制云台镜头，可以从多个角度来呈现主体，并且环绕过程中能够产生主体景别的变化，增加画面的动感，使观众的视线更长时间聚焦在主体上，达到强化主体的目的。

6. 向前镜头

向前镜头是指无具体目标的前进飞行，用于交代影片的环境，无人机在场景中前行，简单展现航拍画面，拍摄效果如图 3.30 所示。对准具体目标的前进飞行，拍摄对象就是目标本身。画面由小变大，由模糊变清晰，直接在观众面前展示所拍目标。

图 3.30　向前镜头的拍摄效果

利用前景烘托，紧贴前景可以使画面有变化感。为了使画面更加富有感染力，在低空飞行的时候可结合相机操作，也可飞过或穿过前景，使画面生动。云台相机镜头向下扣拍，场景中的元素逐次入画，这类镜头通常也用于交代环境。与平拍画面相比，扣拍逐次展开的画面更具有期待感。

在前进过程中不断降低相机角度，一直对准目标，最后甚至达到完全俯视的效果。无人机向前飞行的同时，云台相机镜头向上摇起，逐渐露出拍摄主体。

7. 向后镜头

向后镜头是缓慢后退的航拍镜头，常用于影片转场或结束，使画面中的主体渐渐远离，将观众带离场景，预示着剧情的结束。图 3.31 为向后镜头的拍摄效果。后退镜头以主体的局部为起幅，再缓缓呈现出主体的全貌，这样的画面有利于调动观众对整体场景的想象。

根据拍摄主体和影片节奏的不同，可选择不同的镜头运动速度进行表达。用快速后退的镜头揭示环境，使画面更具有冲击力，这类镜头通常用于拍摄各类极限运动。

图 3.31　向后镜头的拍摄效果

3.1.3　多种拍摄手法

多种拍摄手法

不同的拍摄手法不仅能够丰富画面的表现形式，还能深刻影响观众对拍摄内容的理解与感受。下面将选取 7 种具有代表性的拍摄手法进行详细探讨。

1. 俯视悬停拍摄法

俯视是真正的航拍视角，因为它完全呈 90° 朝下，在拍摄目标的正上方，很多人都把这种航拍镜头称为上帝的视角。俯视完全不同于别的镜头语言，是由于其视角的特殊性，可能第一次看到俯视镜头画面的人都会被空中俯视的特殊景致所吸引。

俯视航拍中最简单的是俯视悬停镜头。俯视悬停是指将无人机停在固定的位置上，云台相机朝下 90°，一般用来拍摄移动的目标，如马路上的车流、水中的游船以及游泳的人等，使拍摄目标从画面一处进去，再从另一处消失，拍摄的效果如图 3.32 所示。

图 3.32　俯视悬停的拍摄效果

在航拍俯视悬停镜头时，只需要将无人机上升到一定的高度，然后拨动"云台俯仰"

拨轮，实时调节云台的俯仰角度到垂直 90°，固定不动，然后开始拍摄即可。

2. 俯视向前拍摄法

航拍俯视向前镜头的拍摄效果如图 3.33 所示。具体操作如下：

（1）将无人机飞至高处，拨动"云台俯仰"拨轮，实时调节云台的俯仰角度到垂直 90°，俯拍古镇风光。

（2）将右摇杆缓慢往上推动，无人机将慢慢向前飞，呈现出俯视向前飞行的镜头，无人机不断掠过古镇错落的屋顶及小桥流水，以上帝的视角来俯视整个古镇的风光。

图 3.33　俯视向前的拍摄效果

3. 俯视拉升拍摄法

俯视拉升镜头的拍摄效果如图 3.34 所示。具体操作如下：

（1）拨动遥控器背面的"云台俯仰"拨轮，实时调节云台的俯仰角度到垂直 90°，俯拍城市马路夜景。

（2）将左摇杆缓慢往上推动，无人机将慢慢上升，呈现出俯视拉升的镜头，当视野越来越宽的时候，呈现在观众眼前的城市马路也慢慢变成了多条曲线组成的画面。

图 3.34　俯视拉升的拍摄效果

4. 俯视旋转拍摄法

俯视旋转镜头的拍摄效果如图 3.35 所示。具体操作如下：

（1）将无人机飞至空中，拨动"云台俯仰"拨轮，实时调节云台的俯仰角度到垂直 90°，俯拍城市错综复杂的立体交通网络。

（2）将左摇杆缓慢往下拉，无人机将慢慢下降，呈现出俯视下降的镜头。

（3）将左摇杆往下拉的同时，再靠左或靠右推一点，此时无人机将旋转下降，呈现出俯视旋转下降的镜头。

图 3.35 俯视旋转的拍摄效果

5. 旋转拉升拍摄法

拍摄时带上一点前进的效果，可以使画面更加生动。在拍摄的时候，摄像头也可以控制上下俯仰的角度，用来拍摄远景或者对准拍摄目标。如图 3.36 是在深圳航拍的一段旋转拉升的效果图，随着无人机的上升旋转，城市的美丽夜景就逐渐展现在观众眼前。具体操作如下：

（1）将无人机飞至空中，将左摇杆缓慢往上推，无人机慢慢上升。

（2）将左摇杆往上推的同时，再靠左推一点，此时无人机将向左旋转上升，慢慢呈现城市江景以及地标建筑。

6. 侧飞追踪拍摄法

追踪镜头是指追踪目标进行拍摄，与环

图 3.36 旋转拉升的拍摄效果

绕镜头不同，环绕镜头所瞄准的是固定目标，拍摄人员有充足的时间去调整镜头和拍摄角度，也可进行多次重拍，而追踪镜头需要在同一个地点追踪同一个目标，只有一次拍摄机会，因此拍摄时需要控制好飞行角度，防止使目标走出画面。

追踪低速运动的目标主体比较简单，例如追踪拍摄路上的行人、海上的船只以及低速行驶的汽车等，在飞行中只要规划好路线，计算好时间和速度，然后进行拍摄。在拍摄这种沿固定路线移动的目标时，还可以设置航线飞行，提前在路线上规划好无人机飞行的路程和高度，等目标出现后直接执行航线飞行即可，以便有更多的精力来控制无人机镜头的拍摄角度，使视频画面更加流畅。

大疆的无人机推出了智能跟随模式，不仅便于追踪拍摄低速移动的目标，还可以环绕追踪移动的目标。

图3.37拍摄的是一段侧飞追踪江面船只的镜头，无人机从船只的后面飞到了船只的前面，然后旋转镜头对船只进行环绕拍摄。

图3.37　侧飞追踪的拍摄效果

具体操作步骤如下：

（1）将无人机飞至空中，在"智能模式"中选择"智能跟随"模式，然后在屏幕中通过点击或勾选的方式，设定跟随的目标对象。

（2）在界面中点击"GO"按钮，开始使用"智能跟随"模式进行拍摄，当目标对象向前移动时，无人机将跟随目标对象智能飞行。

（3）在进行智能飞行时，可以向左拨动右摇杆，使无人机向左侧飞行，无人机在智能跟随模式下自动向右旋转。

7. 飞越主体拍摄法

飞越是指从前景上方或侧上方飞越而过的镜头。拍摄飞越镜头时，无人机离被摄物体较近，凸显出一种飞越的感觉。飞越镜头的最高境界是飞越后无人机调转镜头对准被摄物体，但此飞行手法对无人机操控人员的能力有较高要求。

图 3.38 拍摄的是一段飞越镜头，无人机起初平视山东济南解放纪念馆往前飞行，同时慢慢控制摄像头朝下；到达馆顶上空后，将无人机进行 180°转向，同时保持从前飞转至侧飞，然后再转至倒飞，最后再抬起摄像头，所有操控需要三轴联动，打杆全部要浅入浅出，速度一定要缓慢、均匀，最终拍摄出流畅的画面。

图 3.38　飞越主体的拍摄效果

3.1.4　智能飞行功能

随着无人机技术的不断进步，智能飞行功能已成为现代航拍设备不可或缺的亮点。这些功能不仅极大地提升了拍摄的便捷性与效率，更为创作者带来了前所未有的创意空间。下面选取 4 种具有代表性的智能飞行功能进行介绍。

1. 焦点跟随

无人机焦点跟随是无人机技术中一项重要且实用的功能，它利用先进的图像识别与追踪技术，使无人机能够自动锁定并持续跟随用户指定的目标进行拍摄。

1) 焦点跟随的模式

焦点跟随包含聚焦、兴趣点环绕和智能跟随 3 种模式。

（1）聚焦。聚焦是指无人机停留在当前位置不自主飞行，仅机头以及云台相机跟随目标移动，支持拍摄静止和动态目标（动态目标特指人、车、船等）。用户打杆可以控制无人机移动：横滚杆控制无人机围绕目标旋转，俯仰杆控制无人机靠近或远离目标，油门杆控制无人机高度，偏航杆控制构图。

在聚焦模式下，当避障行为设置为绕行或刹停且光照等环境条件满足视觉系统需求时，无人机检测到障碍物时均表现为刹停，运动挡时无避障。

（2）兴趣点环绕。兴趣点环绕是指无人机以设定半径和速度环绕目标飞行，支持拍摄静止和动态目标。环绕飞行的速度会根据当前环绕半径和设定动态变化而发生改变，普通、运动和平稳挡位下的最大飞行速度保持一致，最大可达 15 m/s。用户打杆可以控制无人机移动：横滚杆控制无人机环绕速度，俯仰杆控制无人机靠近或远离目标，油门杆控制无人机高度，偏航杆控制构图。

当光照等环境条件满足视觉系统需求时，障碍物绕行在兴趣点环绕模式下保持开启，与飞行挡位和避障行为设置无关。

（3）智能跟随。智能跟随分为追踪与平行两种跟随模式，支持的目标类型为人、车、船等。普通、运动和平稳挡位下的最大飞行速度保持一致，前后飞行速度为 12 m/s，左右飞行速度为 15 m/s。用户打杆可以控制无人机移动：横滚杆控制无人机围绕目标旋转，俯仰杆控制无人机靠近或远离目标，油门杆控制无人机高度，偏航杆控制构图。

障碍物绕行在智能跟随模式下保持开启，与飞行挡位和避障行为设置无关。

追踪跟随是指无人机与目标保持一定的距离和高度，并与目标的运动方向保持一定方向飞行。追踪模式共有 8 种跟随方向可以选择，即前、后、左、右、前左、前右、后左、后右，系统默认为后方跟随。设定的跟随方向，只在目标运动方向比较稳定时生效。目标运动方向不稳定时，无人机将保持一定的距离和高度进行跟随。跟随开始后，也可通过"跟随方向选择圆盘"更改跟随方向。

平行跟随是指无人机与目标保持一定的距离和高度，并与目标保持最初的地理方位角度飞行。

智能跟随的目标为人时，支持无人机与目标的水平距离为 1 ～ 20 m，高度为 2 ～ 20 m（推荐的水平距离为 5 ～ 10 m，高度为 2 ～ 10 m）。目标为车/船时，支持无人机与目标的水平距离为 6 ～ 100 m，高度为 6 ～ 100 m（推荐的水平距离为 20 ～ 50 m，高度为 10 ～ 50 m）。如果开始跟随时无人机与目标的水平距离或高度不在支持拍摄的范围内，无人机将自主飞行到支持拍摄的范围。无人机与目标的水平距离和高度在拍摄范围内时，可获得更好的跟随效果。

2）焦点跟随功能操作

使用无人机焦点跟随功能时，用户按照以下步骤进行操作：

（1）启动焦点跟随的操作如下：

① 启动无人机，使无人机起飞，如图 3.39 所示。

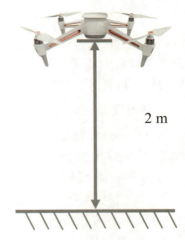

2 m

图 3.39　启动无人机

② 在 DJI Fly 相机界面画框选择目标，如图 3.40 所示，或在操控界面打开"目标扫描"开关后，点击自动识别的目标，即可进入焦点跟随。默认进入聚焦模式，可以通过屏幕中间的模式切换按钮，切换至"智能跟随"或"兴趣点环绕"。点击屏幕上的"GO"按键开始飞行。支持在 2 倍以内变焦情况下使用焦点跟随。如果变焦倍数过大影响到目标识别，无人机将限制变焦倍数。

图 3.40 选择目标

③ 在智能跟随追踪模式中，可在"方向选择圆盘"中选择跟随方向，如图 3.41 所示。"方向选择圆盘"在长时间无操作时会自动收起，也可点击画面其他部分收起圆盘。在"方向选择圆盘"收起后，可左右滑动模式图标切换追踪和平行子模式。切换到追踪模式时，跟随方向重置为后方。

图 3.41 选择跟随方向

④ 点击"拍摄"按键可拍照或录像，点击"回放"按键可查看所拍摄素材。

（2）退出焦点跟随：短按遥控器上的"急停"按键或点击屏幕上的"Stop"按键，退出焦点跟随。

2. 大师镜头

大师镜头是一种智能拍摄功能，它允许无人机根据拍摄目标的类型和距离，自动执行一系列复杂的飞行动作和拍摄手法，从而获得专业级别的航拍效果。使用无人机大师镜头功能时，操作步骤如下：

1）启动大师镜头

（1）启动无人机，使无人机起飞至离地面 2 m 以上。

（2）点击"拍摄模式"图标，选择"大师镜头"并阅读新手指导及注意事项。确保已充分了解并能安全使用该功能。

（3）框选目标后，点击屏幕"Start"按键，无人机将自动飞行并拍摄视频，在拍摄完成后返回至拍摄起始点。

（4）点击"回放"按键，可查看所拍摄的视频，并可直接编辑或分享至社交网络。

2）退出大师镜头

短按遥控器上的"急停"按键或点击屏幕上的⊗按键，使无人机紧急刹车并悬停。

3. 一键短片

一键短片是一种快速创作精彩视频片段的智能飞行模式。用户只需简单设置，无人机便能自动完成一系列复杂的飞行动作，拍摄并生成具有电影感的短片。

1）一键短片的分类

一键短片包含渐远、冲天、环绕、螺旋、彗星和小行星 6 个子模式，无人机可自动按照所选择的拍摄方式飞行，并持续拍摄特定时长，最后自动生成短视频。一键短片支持在回放中编辑与快速分享视频。

（1）渐远：无人机边后退边上升，镜头跟随目标拍摄。

（2）冲天：无人机飞行到目标上方后垂直上升，镜头俯视目标拍摄。

（3）环绕：无人机以拍摄目标为中心，以特定距离环绕飞行拍摄。

（4）螺旋：无人机以拍摄目标为中心，螺旋上升拍摄。

（5）彗星：无人机以初始地点为起点，按照椭圆轨迹飞行绕到目标后面，并飞回起点拍摄。使用时确保无人机周围有足够空间（四周有 30 m 半径空间，上方有 10 m 以上空间）。

（6）小行星：采用轨迹与全景结合的方式，完成一个从全景到局部的漫游小视频。无人机以拍摄目标为中心，远离目标同时上升到一定高度拍摄，并以飞行最高点为全景照片的初始位置拍摄全景照片。最后合成全景图为星球效果，生成视频播放顺序与飞行轨迹相反。使用时确保无人机周围有足够空间（后方有 40 m 空间，上方有 50 m 及以上空间）。

2）一键短片功能操作

使用无人机一键短片功能时，用户通常需要遵循以下步骤。

（1）启动一键短片，其操作如下：

① 启动无人机，使无人机起飞至离地面 2 m 以上。

② 点击"拍摄模式"图标，选择"一键短片"并阅读新手指导及注意事项，确保已充分了解并能安全使用该功能。

③ 选择子模式后，在屏幕上选定目标，如图 3.42 所示。点击屏幕上的"Start"按键，无人机将自动飞行并拍摄视频，并在拍摄完成后返回至拍摄起始点。

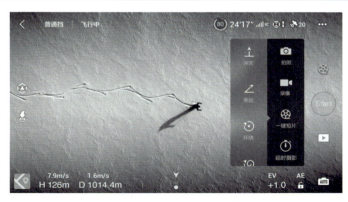

图 3.42 选择一键短片子模式

④ 点击"回放"按键，可查看所拍摄的短视频或原视频，并可直接编辑或分享至社交网络。

（2）退出一键短片：拍摄过程中短按遥控器上的"急停"按键或点击屏幕上的⊗按键，使无人机紧急刹车并悬停，再次点击屏幕可继续拍摄。

4. 航点飞行

航点飞行功能使得无人机在记录航点后，可根据航点生成的航线任务，自主完成预设的飞行轨迹和拍摄动作；还可设置兴趣点与航点关联，关联后无人机镜头将朝向兴趣点，以完成特定拍摄。无人机航线任务可保存，方便重复拍摄及飞行。

1) 开启航点飞行

点击相机界面左侧的"航点飞行"图标，开启航点飞行，如图 3.43 所示。

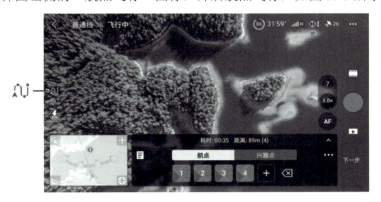

图 3.43 开启航点飞行

2) 设置航点

记录航点：无人机未起飞时，仅支持通过地图记录航点；无人机起飞后，可通过遥控器、航点飞行操作界面或地图打点，此时需要 GNSS（Global Navigation Satellite System，全球卫星导航系统），其具体操作如下：

（1）遥控器打点：短按 RC-N1 遥控器的"Fn"按键，或短按 DJI RC/DJI RC Pro 的"C1"按键打点。

（2）操作界面打点：在航点飞行操作界面中，点击"+"号打点。

（3）地图打点：进入地图界面点击地图上某个位置进行打点。地图打点的默认高度为离地 50 m。

打点后，长按地图中的航点图标可移动航点。

点击航点编号可进行航点设置，如图 3.44 所示。航点设置包括相机动作、高度、速度、机头朝向、云台俯仰、变焦方式和悬停时间，如表 3-1 所示。

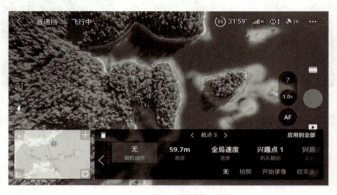

图 3.44　航点设置界面

表 3-1　航点设置表

航点设置 类别	具　体　功　能
相机动作	可选择无、拍照、开始或结束录像
高度	可设置无人机相对起飞点的高度，复飞时确保在相同高度起飞以获得更高的飞行精度
速度	可设置无人机的飞行速度为全局速度或自定义速度。全局速度下，无人机将保持相同速度通过整个航线；自定义速度下，无人机将从上一个航点平稳加速/减速至该航点，并在到达该航点时达到所设定的速度
机头朝向	可选择航线方向、兴趣点方向、自定义及手动。 航线方向：当机头朝向设置为航线方向时，无人机的机头将沿着预设的航线方向飞行。 兴趣点方向：可以添加兴趣点（POI），并设置无人机在执行航线任务时始终朝向该兴趣点。 自定义：可拖动下方控制条设置机头朝向，在地图界面可预览朝向。 手动：可在飞行中手动调整机头方向，此时机头朝向将由用户控制
云台俯仰	可选择朝向兴趣点、自定义或手动。 朝向兴趣点：点击下方序号选择对应兴趣点，云台将朝向该兴趣点。 自定义：可拖动下方控制条设置云台的俯仰角度。 手动：可在飞行中手动调整云台角度，此时云台俯仰角度将由用户控制
变焦方式	可选择自动变焦、数码变焦或手动变焦。 自动变焦：可自动平滑前、后航点的变焦倍率。 数码变焦：可拖动控制条自定义变焦倍率。 手动变焦：可在飞行中手动调整变焦倍率
悬停时间	可设置无人机在该航点的悬停时间

除"相机动作"外,点击右上方的"应用到全部",可将当前设定的参数应用至全部航点;点击左上方的"删除"图标,可删除当前航点。

3) 兴趣点设置

点击操作界面上的"兴趣点",可切换至兴趣点页面进行打点。兴趣点的打点方式与航点相同。

点击需要设置的兴趣点编号,可设置兴趣点高度与关联航点。多个航点可关联同一兴趣点,关联后无人机镜头将朝向兴趣点。

4) 设置航线

点击"...",进入航线设置。点击"下一步"可调节航线全局速度、任务结束行为、失控行为以及起始航点,航线设置对航线内所有航点生效。

5) 执行航线

(1) 点击屏幕上的"GO"按键,无人机将开始上传航线任务。上传过程中,可点击屏幕上的 ❚❚ 按键取消上传,无人机将回到航线编辑状态。

(2) 上传完成后,无人机开始执行航线任务,相机界面将显示时间、航点及航线距离信息。航线执行过程中,手动打杆会使无人机当前速度发生变化。

(3) 航线任务开始后,点击屏幕上的 ❚❚ 按键可暂停航线任务;点击屏幕上的 ✖ 按键可结束任务,无人机将回到航线编辑状态;点击屏幕上的 ▶ 按键,无人机将继续执行航线任务。

6) 任务库航线保存与设置

开启航线规划后,系统将自动生成一份航线任务,并每隔 1 min 进行自动保存。点击航点操作面板中左侧的列表图标,进入航线任务列表,可手动保存与设置当前航线,如图3.45 所示。

图 3.45　任务库航线保存与设置

(1) 点击航点操作面板中左侧的列表图标,可查看历史保存的航线任务,单击可打开。

(2) 点击"铅笔"图标,可修改航线任务名称。

(3) 向左滑动航线任务,点击"删除"按键,可删除该航线。

(4) 点击右上角的相应图标,可更改航线任务的排序方式:点击 图标,航线将以保存时间的先后顺序进行排序;点击 图标,航线将以当前位置与起始航点的距离由近到远进行排序。

7) 退出航点飞行

点击"航点飞行"图标，可退出航点飞行。在弹窗提示中点击"保存并退出"，将退出航点飞行并自动保存该次航线至任务库。

⭕ 课后练习

1. 常见的构图方法包括哪些？

2. 常见的航拍运镜技巧有哪些？

任务 3.2　无人机航拍任务规划与执行

无人机航拍
视频拍摄 1

无人机航拍
视频拍摄 2

无人机航拍视频
拍摄 3(实操)

无人机航拍视频
拍摄 4(实操)

无人机航拍视频
拍摄 5(实操)

⭕ 任务描述

本任务进行无人机航拍任务规划与执行的任务学习，主要包括无人机航拍任务规划、任务实施和任务实训 3 部分内容。通过本任务的学习，读者能够了解航拍任务规划与实施的理论基础，并通过具体的实训任务，让读者在航拍场景中体验从任务规划到实际执行的全过程。

⭕ 任务内容

3.2.1　无人机航拍任务规划

了解任务区域

1. 了解任务区域

在规划无人机拍摄行程之初，除了提前查询拍摄地点是否属于禁飞区或敏感区域，避免无序飞行，还需细致考虑安全及拍摄效果方面的因素，应注意以下几点：

（1）观察周围是否有干扰物，如电信基站、建筑塔吊等，避免信号干扰与物体撞击；

（2）估算周围最高建筑的高度，合理设置无人机返航高度，避免失控返航发生撞击；

（3）观察周围环境的情况，合理选择航拍景别，避免"脏乱差"等物体影响航拍画面；

（4）寻找合适的景物充当航拍画面的前景，预测拍摄效果。

2. 选取航拍器材

航拍前，首先要根据不同任务选择合适的航拍设备，无人机航拍设备主要由云台、摄像机和图像传输系统等部件组成，以空中的无人驾驶飞机为平台，通过机载航拍设备携带高分辨率 CCD 数码相机、轻型光学相机、红外扫描仪、激光扫描仪、磁测仪等仪器来获取信息，再使用计算机软件对图像信息进行处理和完善，并按照一定的精度要求制作成图像。图 3.46 所示为多旋翼航拍无人机。

图 3.46　多旋翼航拍无人机

1）航拍相机

在整个航拍无人机系统中，所有的部件主要围绕图像系统进行工作，相机的好坏直接决定了拍摄照片的质量。由于多旋翼无人机在飞行时可携带物品重量有限，因此，在使用多旋翼无人机进行航拍时，无人机挂载相机需要首选体型小、重量轻、功能全的运动相机。

早期的航拍无人机一般是携带单独的相机进行拍摄，无人机和相机各司其职。精灵系列无人机的出现打破了这一局面，将相机与无人机进行一体化设计，更有利于航拍飞行，并且通过相机与图传、App 的结合，使操控和调参更加便利。对于要求较高的专业影视团队，需要使用专业级相机进行航拍。图 3.47 为多旋翼无人机搭载单反相机套装，它是由专业级单镜头反光式取景照相机和多旋翼无人机经纬 M600 外加专业三轴云台组成的。

图 3.47　多旋翼无人机搭载单反相机

（1）单反相机。单镜头反光式取景照相机简称单反相机，它是指使用单镜头，光线通过此镜头照射到反光镜上，通过反光取景的相机。在这种系统中，反光镜和棱镜的独到设计可以使摄影者从取景器中直接观察到通过镜头的影像，图 3.48 为佳能 EOS 5D 单反相机。

图 3.48　佳能 EOS 5D 单反相机

单反相机性能完善、画质优异、取景更加精确，具有更高的画面质量和较为完善的对焦功能与连拍功能，加之其取景和成像都是通过相机镜头完成的，所以没有视觉差。

单反相机还有一个显著的特点就是可以随意更换与其配套的各种广角、中焦距、远摄或变焦距镜头，也可以根据需求在镜头上安装近摄镜、加接延伸接环或伸缩皮腔。单反系统发展多年，有着丰富的镜头群和附件体系。这种优势是普通航拍无人机配套的相机所无法比拟的。

（2）云台相机。随着云台相机一体化程度的增加，云台相机与无人机有了更高的契合度，可以大幅节省航拍无人机安装云台相机、设置图传接收信号等步骤所使用的时间，使无人机航拍更加便捷。一体化云台相机质量较轻、体积小，有利于增加飞行时间，而且使用方便，无须调试，非常适合初学者使用。图 3.49 为禅思 Zenmuse X7 云台相机。

图 3.49　禅思 Zenmuse X7 云台相机

2) 云台

云台是固定和安装相机的支撑设备，分为固定云台和电动云台两种。固定云台适用于拍摄范围和拍摄角度比较小的情况，在固定云台上安装摄像机后可调整摄像机的水平和俯仰角度，在拍摄角度达到最佳状态时固定相机进行拍摄。电动云台可以扩大摄像机的拍摄范围，适用于对拍摄物进行大范围的扫描拍摄。

航拍无人机对摄像机的稳定性要求很高，而云台的主要作用便是保持摄像机稳定。当无人机在飞行拍摄时，会产生高频振动，在快速移动时，相机也会跟着运动，如果没有相应的补偿和增稳措施，航摄出来的影像就会非常模糊、无法使用。为了获取高质量的低空遥感影像，机载摄像机必须固定在高度稳定的云台上。图 3.50 为三轴增稳云台。

图 3.50　三轴增稳云台

3) 镜头

光学镜头是摄像机或照相机生成影像的光学部件，简称镜头，其功能就是光学成像。镜头对成像非常重要，它可以直接影响到成像的分辨率、对比度、景深以及各种像差。早期的镜头都是由单片凸透镜构成的，由于清晰度不高，因此会产生色像差。后来镜头逐渐被改良成以多片凹凸透镜组合而成的复式透镜，以纠正各种像差或色差，并且通过镜头的加膜处理，增加进光量，减少耀光，使影像质量大大提高。

镜头按照焦距的不同可以分为标准定焦镜头、广角镜头、鱼眼镜头、长焦镜头、变焦镜头等类型。

标准的定焦镜头焦距为 40～55 mm，是最基本的一种摄影镜头，它的视角为 45°左右。

广角镜头又被称作短镜头，一般分为普通广角镜头和超广角镜头两种。普通广角镜头的焦距一般为 38～24 mm，视角为 60°～84°，比较适合拍摄较大场景的照片，如建筑、风景等题材。超广角镜头焦距短、视角大，镜头焦距一般在 20 mm 以内，视角为 90°～118°，能够在较短的拍摄距离内拍摄到较大面积的景物，广泛用于人文、风光、新闻纪实等大场面摄影作品的拍摄。

长焦镜头比标准镜头的焦距长，分为普通远摄镜头和超远摄镜头两类。普通远摄镜头的焦距长度接近标准镜头，而超远摄镜头的焦距远大于标准镜头。以 135 照相机为例，其镜头焦距为 85～300 mm 的摄影镜头为普通远摄镜头，300 mm 以上的为超远摄镜头。

变焦镜头是在一定范围内可以变换焦距，从而得到宽窄不同的视场角、不同影像和景物范围的照相机镜头。变焦镜头在不改变拍摄距离的情况下，可以通过变动焦距来改变拍摄范围，一个变焦镜头就可以替代若干个定焦镜头的工作，非常有利于画面构图。图 3.51 为佳能 24～27 mm f/2.8L 单反镜头。

图 3.51　佳能 24～27 mm f/2.8L 单反镜头

消费级无人机一般搭载不可换镜头相机、焦距为 24～35 mm 的定焦镜头，属于广角镜头。专业级无人机可搭载单反或微单，有的也可以搭载中画幅相机。

4) 存储介质

存储介质是指存储数据的载体，如光盘、DVD、硬盘、闪存、U 盘、SD 卡等。无人机拍摄的每一个画面和场景大都以数字信息的形式存储在专门的相机存储卡上，其中 SD 卡因其尺寸小、重量轻成为航拍无人机常用的存储介质。

存储卡的码率、容量、读取/写入速度等都是影响航拍效果的关键因素。

码率又叫比特率，表示经过压缩编码后的视音频数据每秒传送的比特数，一般采用的单位是 kb/s（千位/秒）。码率是拍视频时一个很重要的参数。无人机或相机在拍视频时，如果视频文件太大就需要进行有损压缩，视频码率越小，表示视频压缩越严重，画质受到了一定程度的损害。因此，要想有好的画质，就需要更大码率的存储卡。

常见 SD 卡的容量等级如表 3-2 所示。

表 3-2　SD 卡容量等级

容量等级	容　量	磁盘格式
SD	8 MB、16 MB、32 MB、64 MB、128 MB、256 MB、512 MB、1 GB、2 GB	FAT12，FAT16
SDHC	2 GB、4 GB、8 GB、16 GB、32 GB	FAT32
SDXC	32 GB、48 GB、64 GB、128 GB、256 GB、512 GB、1 TB、2 TB	exFAT

存储卡读取速度是指将存储设备中的数据提取出来的操作速度，即复制速度。写入速度是将外部数据记录到存储设备中的速度，即粘贴速度。一些数码相机需要高速 SD 卡来流畅地拍摄影片和连续拍摄相片，则需要优先考虑"最低写入速度"。根据传输速率的不同，SD 卡可分为以下等级。

（1）SD1.0 规范：按 CD-ROM 的 150 kb/s 为 1 倍速的速率计算方法进行计算，基本上是 CD-ROM 的传输速度的 6 倍（900 kb/s）。

（2）SD2.0 规范：有普通卡和高速卡之分，按速度分为 4 个等级，如表 3-3 所示。

表 3-3　SD2.0 规范不同速度等级和应用范围

速度等级	速　度	应用范围
Class 2	最低写入 2.0 Mb/s	普通清晰度电视，数码相机拍摄
Class 4	最低写入 4.0 Mb/s	高清电视 (HDTV)，数码相机连续拍摄
Class 6	最低写入 6.0 Mb/s	单反相机连拍，专业设备使用
Class 10	最低写入 10 Mb/s	全高清电视实时录制

（3）SD3.01 规范：该规范的 SD 卡被称为超高速卡，按速度等级可分为 UHS-Ⅰ和 UHS-Ⅱ，如表 3-4 所示。

表 3-4　SD3.01 规范不同速度等级和应用范围

速度等级	速　度	应用范围
UHS-Ⅰ	写入 50 Mb/s 以内/读取 104 Mb/s 以内 （实际产品的写入速度已超标准）	专业全高清电视实时录制
UHS-Ⅱ	写入 156 Mb/s 以内/读取 312 Mb/s 以内	人工智能等快速应用

3. 航拍前检查

航拍前的检查是确保无人机飞行安全和拍摄质量的重要环节，通常需要遵循以下步骤：

1) 检查设备

由于大多数航拍设备都是充电式的，如无人机、相机、监视器等，因此在设备检查环节，首先需要对航拍器上所使用的电池进行检查。一般聚合物锂电池会因为长期放置会导致使用寿命衰减，当电池闲置时需要对电池进行放电储存，通常放电至电量 50% 左右进行储存最为合适。在进行航拍的前一天，需要检查每块电池的电量是否充足，如果电量不足则需要进行充电，以保证航拍工作顺利进行。图 3.52 为给电池充电。

图 3.52　给电池充电

在进行无人机航拍时需要准备两套桨叶，一套供平时使用，另一套全新备用。每次进行航拍前都需要检查桨叶是否有缺口、是否有明显老化等问题。图 3.53 为检查螺旋桨。

图 3.53　检查螺旋桨

每次航拍结束后，要把相机上的 SD 卡取下来在计算机上导出。在下一次航拍时，检查相机内存卡是否插入，内存卡是否有足够的空间。如果条件允许，尽量使用专用卡包存放内存卡。图 3.54 为内存卡卡包。

图 3.54　内存卡卡包

航拍前需要检查相机镜头是否清洁干净。白天拍摄时选择相对较低的感光度，拍摄夜景时，在相机画质可接受的范围内尽量设置较高的感光度，文件存储格式尽量选择 RAW 格式。

航拍过程中，通常使用对讲系统进行团队成员之间的沟通。图 3.55 为对讲设备。一方面是由于航拍现场往往环境嘈杂；另一方面，拍摄条件受限时，航拍团队与导演或摄影指导相距较远，只能使用对讲系统实时沟通。

图 3.55　对讲设备

在远赴人烟稀少、无参照物的区域航拍时，可以借助手持 GPS 设备，准确记录航拍位置，快速定位航拍团队区域，确定航拍地的海拔高度，了解日出日落的时间等有用信息。

2) 确认航拍信息

确认航拍信息时，需要查询目标区域是否为禁飞区或限高区；了解航拍地点是否允许航拍；了解航拍区域当天的天气情况，避开大风、大雾、大雨等恶劣天气。同时，连接遥控器、手机、平板进行无人机通电调试。在外航拍时，需使用专业的安全箱保护无人机及相关设备，方便转场运输，同时避免运输过程中设备遭到损坏。图 3.56 为安全箱。

图 3.56 安全箱

4. 航拍计划申报

航拍前，需要进行航拍计划申请和报备，同时需要具备无人机驾驶证。2018 年 8 月 31 日，为加强对无人机驾驶员的规范化管理，中国民用航空局飞行标准司发布了《民用无人机驾驶员管理规定》，对无人机驾驶员进行分类管理，规定在隔离空域和融合空域运行的无人机（除Ⅰ、Ⅱ类以外），驾驶员必须持民用无人机驾驶员执照才能飞行。表 3-5 为无人机等级分类。

表 3-5 无人机等级分类

分类等级	空机重量 /kg	起飞全重 /kg
Ⅰ	0.25	
Ⅱ	$0.25 < W \leqslant 4$	$1.5 < W \leqslant 7$
Ⅲ	$4 < W \leqslant 15$	25
Ⅳ	$15 < W \leqslant 116$	$25 < W \leqslant 150$
Ⅴ	植保类无人机	
Ⅺ	$116 < W \leqslant 5700$	$150 < W \leqslant 5700$
Ⅻ	$W > 5700$	

起飞前需要根据情况进行航拍计划申报，详情如下：

1）无人机实名制注册

在中华人民共和国境内从事飞行以及有关活动的民用无人驾驶航空器，应当依照规定在民航局官网上进行无人机实名制登记，在网页上登录之后，按照要求填写无人机相关信息和个人信息，填报成功后生成一个二维码，需要将其打印出来贴在无人机外壳上。

2）无人机航拍空域申请

按规定要求，在起飞前一日 15 点之前，要向所在地辖区的民航空管部门或者空军航管中心进行临时空域申请，按要求填写无人机的飞行范围、驾驶员的个人信息、飞行日期、机型等信息。随后递交管理部门进行审核，持批准回执单通告辖区派出所后方可飞行。对于一般航拍而言，可在空管中心公开指定的公园上空或航拍区域内进行航拍，不用进行空域申报。

注意：申请空域需持无人机驾驶员证。

5. 任务区域分析

在航拍摄影中，季节、光线、时间、地点、气候等因素都会直接影响航拍作品质量。在一年四季中，每一天的早中晚景色是不同的，景色被无人机的摄像头捕获的色温也就不一样，要根据不同的拍摄需求和拍摄类型，选择不同的拍摄时间。

挑选好航拍地点后，要打开卫星地图对所要航拍的任务区域进行分析，确认航拍区是否允许航拍。同时对航拍地点进行清晰的了解和认知，包括对空中视角和地面视角的观察和安全预判等。

通过"街景"功能，可以看到拍摄地点的实况。提前知悉拍摄地点的情况，有利于更好地落实航拍计划。通过卫星地图软件整体浏览，还可以找出附近有趣的图案、线条、设计或地标，从而寻找合适的航拍主体。图 3.57 为街景地图。

图 3.57 街景地图

利用天气软件，掌握当地的日出日落时间，合理安排拍摄时间段，通过提前了解航拍时段的天气，避开下雨、大风等恶劣天气。图 3.58 为不同时间段的天气变化。

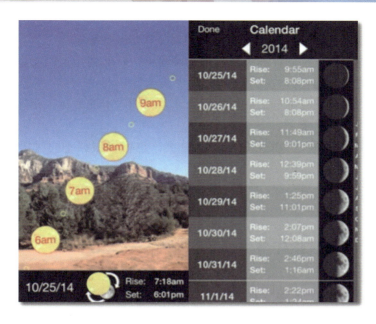

图 3.58　不同时间段的天气变化

6. 起飞位置选取

在选取航拍无人机起飞位置时，应当找合适的景物充当航拍画面的前景，预测拍摄效果，使拍摄出的镜头更加充实。图 3.59 为起飞位置的选取示例。

起飞位置的选取还需要注意以下 3 点：

(1) 选取视野开阔的位置，保证无人机航拍全过程都在视距内飞行；

(2) 确保遥控信号、图传信号不受遮挡；

(3) 确定航拍画面的起幅、落幅。

图 3.59　起飞位置的选取

7. 航拍素材整理

每次航拍结束后，需要对航拍素材进行整理，具体做法如下：

（1）将拍摄的素材复制到计算机或者移动硬盘上，存储在指定的文件夹内，文件夹可以采用日期命名进行区分；

（2）将拍摄的素材进行筛选，保留角度合适、运镜顺滑的素材，删除运镜不流畅、画面曝光过度、画面太暗的素材；

（3）相同场景的素材可以按照时间轴来分类，也可以根据不同时段的光照特性进行分类；

（4）将文件和素材分类标记，便于日后搜索。

3.2.2　无人机航拍任务实施

一切准备就绪后，即可实施航拍飞行任务。目前市面上大部分航拍无人机都非常智能，航拍任务实施的操作方法也十分简单。无人机航拍摄影飞行前，须认真做好飞行前的环境观察，确保飞行信号无遮挡，科学合理选择起飞点，确保无人机在视线范围内飞行，认真仔细地做好航线规划。

1. 起飞前准备

无人机航拍起飞前，需要准备好无人机航拍的所有装备，确保电池和备用电池电量充足，地面端显示屏幕能够正常连接航拍无人机。还需了解航拍无人机所有的功能和设置，特别是飞行和控制设置，并掌握校正云台的方法。

到起飞点后，首先检查无人机的螺旋桨是否完好，再将无人机通电，检查无人机每个电机的通电状态，观察 GPS 信号灯是否闪烁。无人机起飞时要远离人群、高压电线、强磁场、机场航线等环境。一切都准备就绪后，先进行起飞降落的试飞，确保无人机所有功能完好。

2. 进行航拍

根据航拍脚本进行飞行拍摄，可大大提升拍摄效果。这里以拍摄西安钟楼的脚本为例，其具体操作如下：

（1）在确定无人机一切正常后将无人机起飞至一定高度开始进行拍摄，首先操作无人机进行目标的全景航拍，操作无人机倒退后飞拍摄，控制无人机倒退和缓慢升高，从镜头局部到全景拍摄，拍摄出目标的整个样貌及附近的街道、车辆、行人等。

（2）操作无人机进行飞跃式拍摄，直线飞行至目标，接近目标时提升高度并贴着目标上空飞过，镜头始终对着目标，拍摄出目标的近景和顶部视角，再到远景。

（3）操作无人机对目标进行刷锅式航拍，环绕目标拍摄可以拍摄出目标的多个视角。

（4）操作无人机进行顶部拉升自旋拍摄，可以拍摄出目标的顶部加环道的车辆。

（5）操作无人机进行特写镜头，对钟楼的金宝顶进行特写拍摄。

（6）操作无人机进行由远到近的拍摄，由街道到目标的直线飞行拍摄，可以拍摄到路上的行人、马路上的车辆，直至目标。

（7）操作无人机使用延迟的手法拍摄夕阳下的镜头，使人对目标加深印象，感受到时间流逝的美。

（8）操作无人机进行落幕拍摄，操作无人机后退，逐渐远离进行拍摄。

3. 航拍结束

缓慢将航拍无人机降落到地面，无人机断电后关闭遥控器，取出摄像机存储卡，航拍最终效果如图 3.60 所示。

图 3.60　西安钟楼航拍图

使用无人机航拍可能会出现信号丢失、无人机失控、操作不当等情况，若发现丢失图传信号，应马上开启自动返航，在空中寻找无人机踪迹并目视无人机操作使其降落，若目视找不到无人机的踪迹，则回忆无人机最后的机头朝向，根据印象寻找无人机。

4. 航拍素材整理

每次航拍后，需要对航拍素材进行整理，具体操作如下：

（1）将拍摄的素材复制到计算机或者移动硬盘上，存放在指定的文件夹内，文件夹可以采用日期命名进行区分。

（2）将拍摄的素材进行筛选，保留角度合适、运镜顺滑的素材，删除运镜不流畅、画面曝光过度、画面太暗的素材。

（3）相同场景的素材可按照时间轴来分类，也可根据不同时段的光照特性进行分类。图 3.61 为不同时段的光照素材图。

（a）早晨偏暖色　　　　　　　　　　　（b）中午无偏色

(c) 黄昏偏暖色　　　　　　　　　(d) 夜景无偏色

图 3.61　不同时段的光照素材图

(4) 将文件和素材分类标记，便于日后搜索。图 3.62 为标记文件示例。

草地　　　　　　　大海

图 3.62　标记文件示例

3.2.3　实训任务

在深入理解了无人机航拍技术的核心概念之后，我们开始实训任务。

1. 拍摄校园指定位置视频

选取天气晴朗的下午或傍晚作为拍摄时间，选取合适的校园景色进行拍摄。

1) 任务要求

本次拍摄任务旨在记录并展现校园的美丽风光与活力氛围。具体要求如下：

（1）参考表 3-6，任选 3 个场景进行拍摄，每个场景至少取得一张正确使用一种及以上构图法的成果照片。

表 3-6　构图法及拍摄场景

构图法及拍摄场景	井字构图	两分构图	对称构图	中心点构图	对角线构图
校门	☐	☐	☐	☐	☐
操场	☐	☐	☐	☐	☐
图书馆	☐	☐	☐	☐	☐
学校标志	☐	☐	☐	☐	☐
全景	☐	☐	☐	☐	☐

（2）针对视频中的各种表现素材，选择合适的运镜方式和拍摄手法呈现；

（3）将拍摄的素材进行合理的顺序连接；

（4）制作航拍脚本。

2) 任务步骤：

明确了任务要求后，接下来我们按照规划执行拍摄任务。

（1）了解任务区域。挑选好航拍地点后，打开卫星地图对所要航拍的任务区域进行分析，确认航拍区是否允许航拍，对航拍地点进行清晰的了解和认知，包括对空中视角和地面视角的观察和安全预判等。

（2）确定天气情况。利用天气软件，掌握当地的日出日落时间，合理安排拍摄时间段，通过提前了解航拍时段的天气，避开下雨、大风等恶劣天气。

（3）依据前文所学内容选取合适的飞行位置。

（4）航拍前检查。航拍前需要对无人机飞行进行检查，如表 3-7 所示。

表 3-7 无人机飞行检查表

环境勘察及准备		
1	天气良好，无大风、大雨	□
2	起飞地点避开人流密集地区	□
3	起飞地点上方开阔无遮挡，周围无高建筑物	□
4	起飞地点地面平整	□
开箱检查		
1	无人机电量充足	□
2	遥控器电量充足	□
3	无人机无损坏	□
4	所有部件齐全	□
5	螺旋桨安装牢固	□
6	相机镜头和内存卡完好	□
开机检查		
1	打开遥控器并与手机 / 平板连接	□
2	确保无人机水平放置后打开无人机电源	□
3	自检正常（模块自检 / IMU / 电调状态 / 指南针 / 云台状态）	□
4	无线通道质量为绿色	□
5	GPS 信号为绿色	□
6	SD 容量充足	□
7	手动刷新返航点	□
8	根据环境设置返航高度	□
9	操作设备（手机 / 平板）调到飞行模式	□
10	确定遥控器的姿态选择及模式	□
试飞检查测试		
1	起飞至安全高度	□
2	观察无人机悬停是否异常	□
3	测试遥控器各项操作是否正常	□
检查人：　　　　　　　　　　　　　日期：		

（5）航拍计划申报。航拍计划申报包括以下 3 个方面：

① 无人机实名制注册；

② 无人机在公安系统备案；

③ 无人机航拍空域申请。

（6）航拍脚本的制作，根据如表 3-8 所示的无人机拍摄脚本 (具体内容根据实际情况填写)，进行飞行拍摄，可大大提升拍摄效果。

表 3-8　无人机拍摄脚本

镜头时间	拍摄序号	拍摄手法(平、仰、高、俯、跟)	景别 (中、远、近、特、侧)	拍摄画面(内容概括)	拍摄地点	道具	声音

（7）实施航拍任务。一切准备就绪后，即可按照预定的飞行计划实施航拍任务。

① 起飞前准备：检查无人机状态是否完好，电池是否满电，SD 卡是否有足够的空间。

② 进行航拍：

a. 依据航拍脚本选择合适的飞行起飞点；

b. 熟练按照航拍脚本中设计的动作完成拍摄任务；

c. 飞行过程中时刻保持注意力，仔细观察周围的情况，尤其是在完成低空拍摄的时候，注意飞行安全；

d. 拍摄过程中注意内存卡容量的使用情况，并及时进行更换。

③ 航拍结束：航拍结束后，对所有相关设备进清点整理和回收。

（8）整理航拍素材，确保拍摄成果有序、高效，其详细步骤如下：

① 将拍摄的素材保存到计算机或者移动硬盘上，存放在指定的文件夹内，文件夹可以采用日期命名进行区分；

② 将拍摄的素材进行筛选，保留角度合适、运镜顺滑的素材，删除运镜不流畅、画面曝光过度、画面太暗的素材；

③ 相同场景的素材可按照时间轴来分类，也可根据不同时段的光照特性进行分类；

④ 将文件和素材分类标记，便于日后搜索。

2. 实训任务总结

在执行航拍任务时，可能会遇到很多突发情况，将航拍流程规范化，是为了降低危急情况的概率。试列举航拍过程中可能会出现的突发情况及应对措施，并填写表 3-9。

表 3-9　突发情况及应急预案

可能会出现的突发情况	应急预案

课后练习

1. 无人机航拍的任务实施包含哪些环节？
2. 航拍器材包括哪些？各有什么作用？

任务 3.3　无人机特殊场景航拍

任务描述

无人机特殊场景
航拍 1（实操）

无人机特殊场景
航拍 2（实操）

本任务学习无人机特殊场景的航拍，包括各种延时航拍（自由延时，环绕延时，定向延时，轨迹延时）、全景航拍的效果及制作以及特殊时段（冬季，夜晚，雾霾天等）的拍摄 3 部分内容。通过学习，读者可以了解无人机特殊场景航拍等相关理论知识，并掌握不同特殊场景下的航拍相机设置步骤。

任务内容

3.3.1　延时航拍

在航拍领域中，延时航拍是

无人机特殊场景
航拍 3（实操）

无人机特殊场景
航拍 4（实操）

无人机特殊场景
航拍 5（实操）

一种独特的技术，它通过压缩时间的视觉效果，将长时间的变化浓缩在短暂的视频中，展现出平常肉眼难以观察到的景象变化。

1. 延时航拍概述

1) 延时航拍的定义

延时摄影又叫缩时摄影，是一种压缩时间的拍摄技术，能够反应时间的流动，延时航拍效果如图 3.63 所示。常见的延时摄影主题有天文现象、自然风光、城市生活等。延时摄影能够将时间大量压缩，花费数小时拍摄的画面可通过串联或者是抽掉帧数的方式，将其压缩到较短的时间内播放，从而呈现出一种视觉上的震撼感。

图 3.63　延时拍摄效果

如今，大疆 Mavic 3 无人机已经内置了延时拍摄功能，新手也可以轻松拍摄出科幻级的延时摄影大片。

2) 延时航拍的分类

延时航拍包含自由延时、环绕延时、定向延时、轨迹延时 4 个子模式，如图 3.64 所示。

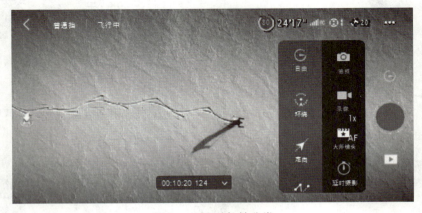

图 3.64　延时航拍分类

3) 延时航拍的特点

延时航拍的最终效果是压缩的视频，它具有以下特点：

（1）延时航拍可以压缩时间，把航拍的 20 min 压缩至 10 s 以内，甚至是 5 s 内播放完毕，展现时间的飞逝。

（2）延时航拍通过后期合成，所需的容量要比记录 20 min 内容的视频空间小很多。

（3）延时航拍的画质高，夜景快门速度可以延长至 1 s 拍摄，噪点轻松控制。

（4）延时航拍可以长曝光，快门速度达到 1 s 后，车辆的车灯和尾灯就会形成光轨。

（5）用户可以选择拍摄 DNG 照片原片，后期调整空间大，相当于保留了一份可以媲美大疆悟 2 DNG 序列高画质的航拍镜头。

2. 延时航拍拍摄准备

在进行延时航拍前，首先要做好充分的准备工作。下文将深入探讨延时航拍的拍摄要点和准备工作。

1）延时航拍的拍摄要点

明确延时航拍的拍摄要点，是确保作品质量的核心所在。具体内容如下：

（1）飞行高度一定要尽量高，无人机与最近拍摄物体保持一定距离后，某种程度上可以忽略无人机带来的飞行误差。

（2）采用边飞边拍的智能飞行模式拍摄，自动飞行相比停下来拍摄和手动操作更稳定。

（3）飞行速度要慢。一是为了使无人机在相对稳定的速度下拍摄，不至于模糊不清；二是由于延时航拍要拍摄 20 min 左右的时间，只有很慢的速度才能使最终视频播放速度恰当。

（4）间隔越短越好，建议采用 Mavic 3 延时航拍模式进行拍摄，可以达到 2 s 间隔拍摄 DNG 的能力，其他无人机基本只能通过手动按快门的方式来实现。

（5）避免前景过近，后景层次太多。无人机毕竟有误差，前景过近和后景层次太多都会影响后期的画面稳定性，无法修正视频抖动的情况。

（6）熟悉无人机可以接受的最小快门速度，根据测试结果，1.6 s 的快门速度会导致延时清晰度急剧下降，建议快门速度控制在 1 s 左右。

2）延时航拍的准备工作

延时航拍的准备工作中的每一个细节都至关重要。具体内容如下：

（1）SD 卡对于延时拍摄很重要。在连续拍摄的过程中，如果 SD 卡存在缓存问题，就很容易导致卡顿、漏拍的情况。在拍摄前，最好准备一张大容量、高传输速度的 SD 卡。

（2）设置好拍摄参数，白天和晚上推荐用 M 挡拍摄，拍摄中根据光线变化调整光圈、快门速度和 ISO。但日出和日落时的光线变化太快，更建议采用自动挡进行拍摄，自动模式下也可以锁定 ISO 值，如锁定 200 就可以达到最佳的画面质量。

（3）白天拍摄延时效果建议配合 ND64 滤镜，降低快门速度 1/8 及以下，达到延时视频适度模糊自然的效果。

（4）对焦设置建议采用手动对焦，同时要避免拍摄途中出现虚焦的情况。

3. 自由延时航拍

在无人机航拍过程中，摄影师可以自由设定无人机的航线、飞行速度、镜头朝向、曝光参数等，从而拍摄出具有独特视角和动态效果的延时视频。

1）自由延时航拍定义

通过设置参数，无人机将在设定时间内自动拍摄一定数量的照片，并生成延时视频。无人机在未起飞状态下，用户可在地面进行拍摄；起飞状态下用户可以通过打杆，自由控制无人机和云台角度。

2）自由延时航拍设置步骤

自由延时航拍的设置步骤如下：

（1）设置拍摄参数，包括拍摄间隔、合成视频时长等，屏幕将显示拍摄张数和拍摄时间；

（2）点击拍摄按键开始拍摄。利用定速巡航功能，在操控界面配置遥控器自定义按键（DJI RC Pro 的 C1 和 C2，或 RC-N1 的 Fn），在打杆时点击"自定义"按键进入定速巡航，此时无人机将保持进入时的飞行速度进行拍摄。

在"自由延时"模式下，用户可以手动控制无人机的飞行方向、朝向、高度和摄像头俯仰角度。

大疆 Mavic 3 加入了类似汽车定速巡航的功能，点击遥控器背后的"C1"或"C2"按键，可以记忆当前的方向和速度，然后以记录的杆量继续飞行。

先控制 Mavic 3 飞行到空中，开启延时拍摄模式，然后打杆往前飞，控制 1 m/s 左右的飞行速度，点击"C1"或"C2"按键开启定速巡航功能，松开遥控器摇杆，便可轻松记录。

4. 环绕延时航拍

无人机在环绕一个固定点（通常是用户指定的兴趣点）飞行的过程中，可以按照设定的时间间隔连续拍摄照片或视频，以拍摄出极具动感和视觉冲击效果的延时视频，如云彩的移动、日转夜的天色变化等。

1）环绕延时航拍的定义

选取目标，无人机将在环绕目标飞行的过程中拍摄延时影像。

2）环绕延时航拍设置步骤

环绕延时航拍的设置步骤如下：

（1）设置拍摄参数，包括拍摄间隔、合成视频时长、环绕方向等，屏幕将显示拍摄张数和拍摄时间；

（2）框选目标，使用云台俯仰控制拨轮和偏航杆可调节构图；

（3）点击"拍摄"按键开始拍摄。拍摄过程中用户可通过俯仰杆控制无人机与目标的距离，通过横滚杆控制环绕飞行速度，通过油门杆控制无人机上升或下降的速度。

环绕延时也是 Mavic 3 特有的功能，依靠其强大的处理器和算法，无人机可以根据框选的目标自动计算环绕中心点和环绕半径，用户可以选择顺时针或者逆时针进行延时航拍。

环绕延时在选择目标对象时，尽量选择视觉上没有明显变化的物体对象，或者在整段延时拍摄过程中不会被遮挡的物体，这样就能保证航拍延时不会由于兴趣点无法追踪而导致失败。目标框选成功后，选择拍摄间隔和视频时长，点击"GO"按键，无人机将以目标为中心自动计算环绕半径，随后开始拍摄。

5. 定向延时航拍

定向延时航拍允许无人机沿着特定的方向或对准特定的目标进行拍摄，同时保持相机的焦点和方向固定。这种技术适合捕捉线性运动或变化的场景，例如车流、人流、日照变化等。

1) 定向延时航拍定义

选取目标及航向，无人机将在定向飞行的过程中拍摄延时影像。定向模式下也可以不选择目标，只定向飞行，在只定向的情况下可打杆控制机头朝向和云台。

2) 定向延时航拍设置步骤

定向延时航拍的设置步骤如下：

（1）设置拍摄参数，包括拍摄间隔、合成视频时长等，屏幕将显示拍摄张数和拍摄时间；

（2）设定航向；

（3）框选目标（可不选），使用云台俯仰拨轮和偏航杆可调节构图；

（4）点击"拍摄"按键开始拍摄，用户可通过俯仰杆和横滚杆控制飞行速度和短暂改变锁定的直线方向，通过油门杆控制无人机上升或下降的速度。

定向延时航拍是指无论无人机的机头朝向如何，无人机将按设置好的方向进行拍摄，并合成延时视频。如果需要自定义无人机的镜头朝向，旋转 90°就是侧飞延时航拍，旋转 180°则是倒飞延时航拍。用户也可以框选兴趣点，在定向直线飞行途中，无人机机头始终对准拍摄目标。

6. 轨迹延时航拍

轨迹延时航拍是一种将延时摄影和无人机轨迹相结合的拍摄技术。

1) 轨迹延时航拍定义

除了设置拍摄参数，还需要选定多个关键点位置和镜头朝向，无人机将按照关键点信息生成轨迹延时影像，开始拍摄前可选择关键点的正序和倒序飞行。

2) 轨迹延时航拍设置步骤

轨迹延时航拍设置步骤如下：

（1）设置关键点位置和镜头朝向；

（2）设置拍摄参数，包括拍摄间隔、合成视频时长等，屏幕将显示拍摄张数和拍摄时间；

（3）点击"拍摄"按键开始拍摄。

拍摄完成后无人机将自动合成视频，用户可在回放中查看，在系统设置—拍摄设置中选择成片质量、原片类型等。大疆 Mavic 3 具有延时摄影快速合成功能，在成片质量中选择"快速预览"，可以不执行增稳和亮度平滑，仅合成效果预览片，进而节约合成时间。用户后期可通过原片合成成片。

使用"轨迹延时"拍摄模式时，可以在地图路线中设置多个航点，用户需要先进行预飞，到达所需的高度和朝向后添加航点，记录无人机高度、朝向和摄像头角度。全部航点设置完毕后，可以按正序或倒序方式执行轨迹航拍延时。推荐采用倒叙拍摄，规划好最后一个航点后，就可以就近执行航拍延时拍摄任务。

轨迹延时还能保存轨迹任务，用户可以多次测试调整保存最佳的轨迹，等到日出日落最佳时分再执行拍摄任务，从而捕捉到最佳的画面。

基于轨迹任务，用户还可以白天和晚上各拍摄一次，最后在后期剪辑软件中对齐合成，剪辑出跨越时间范围广的超现实航拍延时作品。

3.3.2　全景航拍

全景航拍的魅力在于其能够提供一种沉浸式的视觉体验，让观者感受到身临其境的效果。无论是在艺术创作还是在商业应用中，全景航拍都因其独特的视角和表现力而备受青睐。以下内容将详细讲解全景航拍的相关概念，探索如何拍摄和制作出令人印象深刻的全景航拍作品。

1. 全景航拍定义

所谓"全景航拍"就是将所拍摄的多张照片拼成一张全景图。它的基本拍摄原理是搜索两张图片的边缘部分，并将成像效果最为接近的区域加以重合，以完成图片的自动拼接。随着无人机技术的不断发展，我们可以通过无人机轻松拍出全景影像作品，而且非常方便地运用电脑进行后期拼接。

全景航拍是由多张图片拼合而成，与延时航拍一样，首先需要将无人机飞至合适高度，找到合适的高度即确定构图后，将云台或无人机绕圈一周，检查确认画面中除天空以外的所有主体都已完整显示，若主体没有完整显示，则需要继续升高或调整云台俯仰角度，直至主体完全露出，否则后期合成时将无法弥补主体缺失部分，全景航拍效果如图 3.65 所示。

图 3.65　全景航拍效果

2. 全景航拍拍摄及制作

全景图片通常都会面临光比过大的问题，需要设置拍照模式为 AEB 包围曝光，然后开始拍摄。拍摄期间，必须保持无人机高度稳定，水平转动云台开始拍摄，遵循相邻图片之间至少有 30% 及以上的重合部分。记下拍摄第一张图片时取景框内的主体，拍摄完一圈回到这个主体时，就可以调整云台俯仰角度，继续拍摄第二圈。同样，俯仰角度应遵循与第一圈拍摄图片至少有 30% 及以上的重合部分。

后期制作可以使用软件 PTGui 将所有图片进行合成，还可以将合成好的全景图片分享到天空之城。拍摄前应预估后期呈现效果，可充分利用道具等物品，具体效果可由后期软件 PS 实现。

1) 球形全景航拍

球形全景航拍是指相机自动拍摄 26 张照片，然后进行自动拼接，拍摄完成后，用户可查看照片效果。用户可以点击球形照片的任意位置，相机将自动缩放到该区域的局部细节，这是一张动态的全景照片。

图 3.66 为全景航拍选择界面，在飞行界面中，点击右侧"调整"按钮，进入相机调整界面，选择"拍照模式"选项，进入"拍照模式"界面展开"全景"选项，点击"球形"按钮。执行操作后，即可拍摄一张球形全景照片，图 3.67 为效果图。

图 3.66　全景航拍选择界面

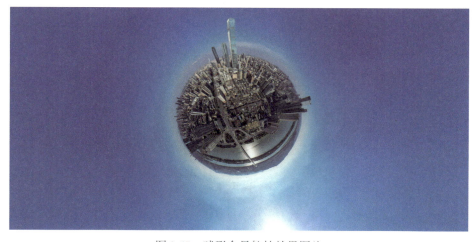

图 3.67　球形全景航拍效果图片

2) 180°全景航拍

180°全景航拍是指自动拍摄 21 张照片的拼接效果，再以横幅全景的方式展现出来，适合拍摄城市中的大场景风光，如城市中的建筑群或者跨江大桥等。在飞行界面中，进入"拍照模式"界面，展开"全景"选项，点击"180°"按钮，即可拍摄 180°全景照片。

图 3.68 是以 180°全景航拍的西安市一角，以地平线为中心线，天空和地面各占照片的 1/2，无人机飞行在城市的上空，俯视着这个城市的美景，自然风光与宏伟的建筑相得益彰。

图 3.68　180°全景航拍效果图片

3) 广角全景航拍

无人机中的广角全景是指 9 张照片的拼接效果，拼接出来的照片形状呈长方形。在飞行界面中，进入"拍照模式"界面，展开"全景"选项，点击"广角"按钮，即可拍摄广角全景照片。

图 3.69 是在工业园区使用广角全景模式航拍的园区一角，画面中的元素以地平线为中心线进行拍摄，天空和地景各占画面的 1/2，建筑高耸、庄严而伟大，主体十分突出，同时展现出画面的透视感。

图 3.69　广角全景航拍效果图

4) 竖幅全景航拍

无人机中的竖幅全景是指 3 张照片的拼接效果，竖幅全景可以给欣赏者一种向上下延伸的感受，可以将画面的上下部分的各种元素紧密地联系在一起，从而更好地表达画面主题。

在飞行界面中，进入"拍照模式"界面，展开"全景"选项，点击"竖拍"按钮，即可拍摄竖幅全景照片。图 3.70 是使用竖幅全景模式航拍的西安城市风光。

图 3.70　竖幅全景航拍效果图

5) 手动拍摄全景图片

拍摄全景图片是一种将多个照片拼接在一起以创建一个宽阔视角的技术。

（1）手动拍摄全景图片，通常需要拍摄多张照片进行合成，因此在拍摄前需要预设一下想要的画面，确定好拍摄张数，然后开始拍摄。根据所要拍摄的全景照片的尺寸规格来推算出大致像素以及需要的照片数量，同时也可以将镜头焦距确定好。通常情况下，可以进行多次试拍，找到能够满足拼接质量的照片数量，实拍时可以酌情增加拍摄张数。

白天使用无人机拍摄全景照片时，可以放心使用自动白平衡模式，后期进行 RAW 照片处理时，可以将照片轻松设置为色调一致的白平衡。旋转云台相机镜头时，要尽可能地多留出一些重叠的部分，通常为 1/3 左右，这样后期软件在拼接时会自动计算重叠部分，截取中央最佳画质的画面，从而使全景照片的质量达到最优。图 3.71 是通过无人机拍摄的多张图片拼接而成的全景效果图。

图 3.71　多张图片拼接而成的全景效果图

（2）使用 PS 拼接航拍的全景图片的操作步骤如下：

① 进入 Photoshop 工作界面，在菜单栏中单击"文件"→"自动"→"Photomerge"命令，弹出"Photomerge"对话框，单击"浏览"按钮。

② 弹出相应对话框，在其中选择需要接片的文件。

③ 单击"打开"按钮，在"Photomerge"对话框中可以查看导入的接片文件，单击"确定"按钮，如图 3.72 所示。

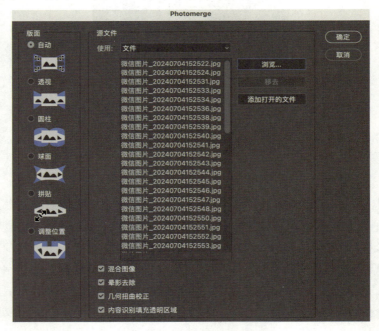

图 3.72　使用 PS 拼接航拍的全景图片

④ 执行操作后，Photoshop 开始执行接片操作，并完成拼接。

⑤ 使用裁剪工具裁剪照片多余部分，在"图层"面板中，选择所有图层，单击鼠标右键，在弹出的快捷菜单中选择"合并图层"选项，合并所有图层，然后对照片进行调色处理，

使照片的色彩更加绚丽、美观，图 3.73 为使用 PS 拼接的最终全景航拍效果图。

图 3.73　使用 PS 拼接的最终全景航拍效果图

3.3.3　特殊时段的航拍

特殊时段的航拍是对摄影师们的挑战，但也开启了前所未有的创意空间。

1. 冬季雪景航拍

冬季雪景是航拍摄影师最喜欢的场景之一，如图 3.74 所示。但冬季航拍发生炸机的概率远高于其他季节，下雪或雪后气温较低，无人机续航能力有限且受低温影响，可能会出现意外失控、坠落等情况，易发生不安全事故。

图 3.74　冬季雪景航拍图

近年来，国内外无人机坠落砸伤人、与空中飞行物碰撞以及一系列扰乱空中飞行等情况时有出现，时常造成机器损伤或者潜在财物的损失。因此，应学习相应的飞行措施，保证安全。

1) 应对冰冻，保证设备安全

冰冻是无人机的"死敌"，水汽会凝结在螺旋桨上增加重量，降低无人机的飞行效率，冬季航拍必须注意移动设备的温度。

冬季飞完无人机后，切记不要直接将无人机拿到暖和的地方或是温度较高的室内及车内，可以在飞行后将设备装箱，放到后备箱或是温度相对低一些的室内，让无人机适应温度，避免直接缓霜形成水汽，对电子设备造成安全隐患。

2) 注意电池保养，并带上备用电池

起飞前规划好飞行路线，确保电池电量足够使用。将电池放在温暖的地方，如车内、衣服内袋，或者在电池包内放入几片暖宝宝。不要在低温环境进行充电，起飞前做好电池预热，飞行中密切关注电池电量，操作时动作尽量轻柔，避免电池突然掉电，尽早返航。

3) 注意空气湿度及可见度

冬季空气湿度高，水汽凝结会降低可见度影响视觉；雨点、雪花会通过缝隙进入机身，腐蚀其中的电子元器件。这些都是影响无人机安全飞行的因素。

4) 使用曝光补偿或小光圈

即使如大疆悟 2 无人机，在自动曝光模式下捕捉雪景时，照片也通常看起来不够清晰，建议使用曝光补偿。同时为确保照片中的所有内容都清晰，调节到小光圈 (f/8 ～ f/22)。

做好以上措施，冬季飞行安全系数一定会大幅提高，实现在冬季畅快飞行，拍摄出更多美景。

2. 夜间航拍的注意事项

每当夜幕降临，华灯璀璨的美丽夜景总会让人流连忘返，如图 3.75 所示。

图 3.75　航拍夜景

为了拍摄到更美的夜景，我们应该了解夜晚航拍飞行的相关注意事项，可以有效避免突发状况。

1) 场地选择

航拍夜景大多会选择灯火通明的市区，市区高楼林立，飞行环境比较复杂。因此夜间航拍要确保安全，就需要白天提前勘景踩点。

应提前在各大内容平台、社交平台查询夜航飞行地点。白天进行实地踏勘，找好起降地点，一定要避开树木、电线、高楼、信号塔等，最好找一个宽敞的地方作为起降点。夜晚可以用激光笔照射天空，如果有障碍物，光线会被切断。

2) 飞行前检查事项

飞行前的检查是确保飞行安全的重要步骤，以下是一些基本的飞行前检查事项：

(1) 飞行前指南针校准。指南针校准一般又称地磁校准，主要作用是消除外界磁场对地磁的干扰。地磁指南针是一种测量航向的传感器，航向是飞行器姿态三维角度中的一个，是组合导航系统中非常重要的一个状态量。

指南针易受其他电子设备、磁场等干扰而导致飞行数据异常，如果干扰后不进行指南针校准，无人机就会漂移，分不清方向，甚至导致飞行事故的发生。

(2) 返航高度设置检查。每次飞行前，无论白天还是夜晚，都要检查自动返航设置。检查失联设置是返航还是悬停（建议返航）；返航高度的设置一定要高于飞行环境建筑物高度，避免无人机返航撞上建筑物、树木等。

(3) 检查下 GPS 信号。一定要在 18 星以上进行飞行，飞行过程中需要时刻注意，出现信号差的情况及时返航，结束拍摄。

3) 航拍夜景小技巧

航拍夜景需要一些特别的技巧来确保拍摄效果，具体内容如下：

(1) 寻找有反光的地点。城市的高楼建筑大多会采用玻璃、金属等反光材质，捕捉夜晚灯光在建筑墙面反射的光影，能够拍出绚丽的夜景效果。除此之外，水面也能够倒映城市的建筑光影，塑造对称的美感，丰富画面层次感。

(2) 利用线条构图。城市的道路是天然的线条，如跨江大桥、立交桥复杂路段形成的斜线、曲线等，能够为横平竖直的城市增添韵律感。

(3) 起飞前考虑有前后景烘托的地点。选择起飞地点时，通常会考虑前景和后景。前景的镜头位于拍摄主体前面的人或物，后景是镜头中位于拍摄主体后面的人或物。合适的前景能够烘托主体，前景暗而拍摄主体亮时，观众的视线可以被有效地引导在拍摄主体上。

3. 雾霾天的航拍

相比晴天对比突出的光线与较高饱和度的色彩，阴雨雾霾天平淡的影调与色彩实在难以给人较强的视觉冲击力；同时，阴雨雾霾天往往伴随着更低的空气通透度，在照片质感上与晴天相比也处于劣势，图 3.76 为雾霾天无人机航拍效果图。

图 3.76　雾霾天无人机航拍效果图

1) 重寻兴趣点

在阴霾或烟雨朦胧的天气条件下，摄影师需要具备敏锐的洞察力，重新定位并巧妙强化照片中的兴趣点。

(1) 聚焦小景，在日出日落等场景中，我们通常会选择较广的视野，因为一个震撼的大场景光影是照片的核心，是吸引观众的兴趣点。但是，阴雨雾霾天缺失的便是光线，这时拍摄一般的全景就显得没有那么合适了，着重展现小场景的特色或许更能扬长避短。

全景色彩凌乱、影调平淡，通过抓取小景可以突出重点，偏向冷色调的后期调色反而可以利用阴雨天气的特点，强化原本就存在的雾霾感。聚焦小景一方面能分离前中远景，使照片更具层次感；另一方面也更能渲染出烟雨气息。

截取画面中部分小景，将兴趣点集中于卷云、湖面、房屋、油菜花和马等小场景。虽然兴趣点较多，但是意象相符，所以并不冲突。后期主要利用色温色调和曝光曲线工具进一步对不同兴趣点进行分层。同时由于阴雨天色调平淡的缘故，重新对画面上色也并不会与原色彩很冲突，反而让整个画面更具有梦幻感。

(2) 选择有结构感的事物。有结构感的事物可以代替好天气作为拍摄的兴趣点，可以选择自然或人造的线条与框架，如树枝、建筑、道路等。后期如果专门聚焦这种结构，一定程度上可以弥补画面中光影的平淡。

雨天湖面影调平淡，拍摄全景通透度低，抓取湖面中的枯枝小景。后期调成黑白色，可以大大减弱光线不佳对照片的副作用，让观感更加集中于枯枝这一具有线条感的兴趣点。

阴天色彩平庸，也可调成黑白色，建筑的线条感作为兴趣点被凸显出来。

(3) 利用雾天的特有属性，虽然雾天能见度低，但是构成雾气的小液滴恰好构建了朦胧的环境，可以使环境具有纵深感，也可以屏蔽掉一些与画面无关的元素。所以在拍摄时我们可以留意这些点，扬长避短。若是光影平淡的雾天，可以通过后期重新上色的方法进行改善，但应注意不要过重，不然显得太假。

雾天让照片中的前景与远景得以分离，由于前景离拍摄点较近，所以能见度在一个可接受的范围。拍摄时可以稍微留意下太阳的方向，后期根据光源的方向进行光线渲染，重塑照片的光影。同时我们也可以利用好雾天的优点，进一步强化前景与远景的分离感，让照片更有特色。

(4) 巧用遮挡透视，阴雨雾霾天往往伴随着平淡的天空，如果大量取入的话会让画面包含太多无用且平淡的信息。所以在拍摄过程中可以采取避开取入天空或者利用前景遮挡等方法进行改善，让视觉中心更集中于拍摄主体。

2) 长曝光和平均值堆栈

长曝光，顾名思义就是用较长的曝光时间来得到一张照片，常用于夜景拍摄中。白天由于光线较强，即使把 ISO 调得很低，光圈调得很小，也无法用长曝光得到一张正常曝光的照片。这个时候可以在前期根据需求增加不同挡位的减光镜或者前期间隔拍摄一定量照片，后期再通过平均值堆栈的方法获得类似的效果。一般时间的长曝光可以记录画面中运动物体的轨迹，让画面富有动感；超长时间的曝光可以帮助拍摄者获得极简的画面，降低无用信息的干扰。

对于阴雨雾霾天而言，光影平淡。经过长时间曝光过后，湖面波动的轨迹被记录了下来，云层的丝状更加明显。当然也可以采用更长时间的曝光，最终得到一个雾化的水面。

长曝过后，云层被拉成了丝状，湖面如镜子一般平静，一定程度上弥补了光影平淡的缺陷。记录了云、水、树 3 个运动物体的轨迹，使照片更加具有动感，不失为阴雨雾霾天拍摄的一种思路。

长曝光还有很多值得讲究的地方，例如曝光时间太长过后的热噪问题、叠加减光镜时的漏光问题，不同时长的长曝光对画面表现也会有很大的差别。

3) 利用蓝调时刻

蓝调时刻一般是指日出前几十分钟和日落后几十分钟。在这个时间段，无论是晴天还是阴雨雾霾天，天空都必然变为蓝色（差别只是偏青或偏紫）。

如果是在城市里拍摄的话，这一时间点灯光也逐渐被点亮。大量的暖色灯光与蓝调时刻的天空正好形成了冷暖色对比。

所以，阴雨雾霾天时在蓝调时刻拍摄也是一种不错的思路。构图上可以寻找一些曲线，如果有前中远景的层次感那就更好不过。

相比起晴天的蓝调时刻，阴雨天的空气没有那么通透，但是水汽增加了画面的空气感，不远处若隐若现的山提升了观赏性。后期调色上可以适当偏紫，契合阴雨雾霾天阴沉、幽雅的氛围。

课后练习

1. 常见的延时航拍有哪几种类型？

2. 全景航拍效果拍摄大概有哪几种方式？

3. 本任务中主要介绍了哪几个特殊时段的拍摄注意事项？

项目4 无人机航拍后期制作

项目引入

　　航拍摄影后期制作的目的是补救拍摄缺陷、提升素材质量和效果。由于无人机相机的传感器非常小，镜头的色散会让色彩产生偏差，后期制作与加工就尤为重要。比如，夜景航拍作品后期制作主要包括色调、影调恢复以及质量提升。目前，市面上的后期制作软件有很多，根据软件的用途种类可分为视频剪辑、图片处理和视频调色3类。

学习目标

▶ 知识目标

1. 熟悉无人机航拍后期制作的流程；
2. 了解无人机航拍后期制作中需要达到的效果；
3. 明确无人机航拍后期制作的重要性。

▶ 技能目标

1. 掌握航拍照片后期制作的相关技能；
2. 掌握航拍视频后期制作的相关技能；
3. 能够正确规范地使用无人机航拍后期制作的相关软件。

▶ 思政目标

1. 重视后期制作中的专业技能培养，提升图像和视频编辑的专业水平；
2. 遵循后期编辑的技术规范，确保作品的专业品质；
3. 在后期制作中注重细节，培养耐心和精细的工作态度；
4. 利用后期制作传播正面文化价值，增强民族文化自信；
5. 在编辑过程中尊重知识产权，合法合规使用各类素材。

任务 4.1　航拍照片后期制作

航拍照片后期
制作（实操 1）

任务描述

本任务主要介绍基本图像编辑处理和航拍照片调色两方面内容，其中基本图像编辑处理包括图片格式介绍和常见的图片处理软件（Adobe Photoshop、Adobe Lightroom），航拍照片调色包括航拍照片基本调色和航拍照片换天处理。

航拍照片后期
制作（实操 2）

任务内容

4.1.1　基本图像编辑处理

1. 图片格式介绍

常见的图片文件格式有 RAW、JPEG 等，如图 4.1 所示。RAW 的原意为"未经加工"，RAW 图像可以认为是 CMOS 或 CCD 图像感应器将捕捉到的光源信号转化为数字信号的原始数据（相机对于光线的原始记录）。RAW 文件记录了数码相机传感器的原始信息，同时记录了由相机拍摄所产生的一些元数据（如感光度、快门速度、光圈值、白平衡值等）。

图 4.1　常见的照片格式

JPEG 文件格式是一种压缩文件格式。JPEG 文件的大小比 TIFF 和 RAW 文件都要小。使用 JPEG 格式时，存储卡能够存储更多的图像。

图片的质量越高，图片所保留的细节就越多。图片的压缩程度越大，质量也就越差，保留细节就越少，这也是专业摄像师为保证图片质量而不使用压缩文件格式的原因。

大疆航拍相机能够同时生成 RAW 和 JPEG 图像文件，该功能在快速预览图像时非常实用。打开 JPEG 文件要比打开 RAW 文件更快捷，但记录了元数据的 RAW 文件图像将为后期调整提供更大空间。

2. 常见的图片处理软件

1) Adobe Photoshop

Adobe Photoshop 简称"PS"，图 4.2 为 PS 软件。PS 是由 Adobe 公司开发并发行的一款图片处理软件，主要处理以像素构成的数字图像，最初专为图形设计专业的人员所使用，现也可用于照片后期处理，效果显著。图 4.3 为使用 PS 处理前后的效果图对比。

图 4.2　Adobe Photoshop 软件

图 4.3　PS 处理前后的效果图对比

PS 具有完善的色彩管理功能，HDR、全景、蒙版等功能也是一应俱全。PS 还包含来自全球各地人士为其开发的各种插件，功能十分全面。

2. Adobe Lightroom

Adobe Lightroom 简称"LR"，图 4.4 为 LR 软件。LR 是 Adobe 公司研发的一款以后期制作为重点的图形工具软件，是当今数字拍摄后期制作流程中不可或缺的工具。LR 除了支持 TIFF 格式和 JPEG 格式文件外，也支持原生 RAW 格式文件。

图 4.4　Adobe Lightroom 软件

LR 最高可支持 32 bit 的 HDR 色彩管理。其增强的校正工具、强大的组织功能以及灵活的打印选项，可以加快图片后期制作速度。LR 除了具备强大的后期功能外，还是优秀的图片管理软件，它可以生成对应目录，高效管理所有文件。LR 还具有全景合成、HDR 合成、污点修复、支持照片 GPS 信息读取、一键社交媒体分享等特色功能。

同时，LR 是一款非破坏性编辑软件，用户通过 LR 对图像做的任何操作，如色彩校正、裁剪、曝光调整等操作，都可以随时被撤销，撤销操作后的图像原始文件不受影响。图 4.5 为 LR 的软件界面。

图 4.5　LR 的软件界面

3. PS 软件图片处理工具

1) 加载图像

依次单击菜单栏中的"文件"→"打开"选项，选择要打开的示例图片，或按下快捷键"Ctrl + O"选择图片文件，也可以直接将图片文件拖拽到 PS 软件中打开，如图 4.6 所示。

图 4.6　打开图片文件

2) 调整图像尺寸

选择"图像"→"图像大小"，也可使用快捷键"Alt + Ctrl + I"调整图像尺寸大小，如图 4.7 所示。

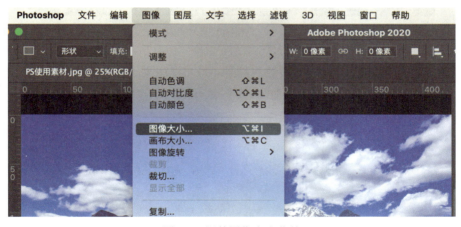

图 4.7　调整图像大小菜单

调整图像尺寸的具体操作如下：

(1) 在"图像大小"对话框中选择"像素"。

(2) 调整"宽度"和"高度"，如调整"宽度"为 500 像素，如图 4.8 所示。

(3) 点击图 3 号位置判断是否约束长宽比，若出现上下两个小框标识，则证明约束长宽比生效，改变宽度的同时，长度也会随之改变，调整图像尺寸效果如图 4.9 所示。

图 4.8　调整图像尺寸

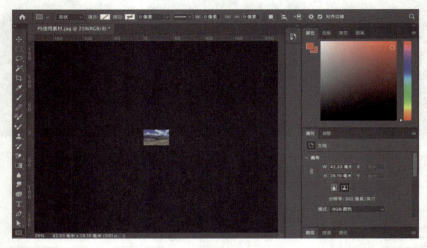

图 4.9　调整图像尺寸效果

3) 放大镜工具

双击放大镜工具图标，即可将图像恢复到 100% 视图大小，如图 4.10 所示；若需调整视图大小，按住"Alt + 鼠标滚轮"，即可调整图像视图大小。放大视图效果如图 4.11 所示。

图 4.10　放大镜工具

图 4.11　放大视图效果

4) 裁剪工具

裁剪工具是一种非常实用的工具，它允许用户按照特定的尺寸、比例或分辨率来裁剪图像，以满足不同的设计或展示需求。运用裁剪工具，用户可以大大提高图像处理的效率和质量，裁剪工具的使用方法如下：

（1）单击裁剪工具或者使用快捷键"C"进行裁剪，如图 4.12 所示。

（2）拖动要裁剪的区域，调整到目标大小。

（3）按回车键完成裁剪，效果如图 4.13 所示。

图 4.12　裁剪工具

图 4.13　裁剪视图效果

5) 抓手工具

通过抓手工具可以放大、缩小、移动图像，方便用户查看照片细节。图 4.14 所示为抓手工具也可分别通过快捷键"Ctrl"+"+""Ctrl"+"−""空格"+"鼠标左键"进行放大、缩小和移动操作，处理效果如图 4.15 所示。

图 4.14　抓手工具

图 4.15　抓手工具处理效果

6) 污点修复画笔工具

污点修复画笔工具是 PS 中处理照片常用的工具之一，利用污点修复画笔工具可以快速去除照片中的污点和其他不理想部分。图 4.16 为污点修复画笔工具，点击此工具，根据画面中污点大小调整笔刷大小，点击需要修复的位置，修复工具会自动匹配合适的画面进行修复。图 4.17 为污点修复画笔工具处理效果。

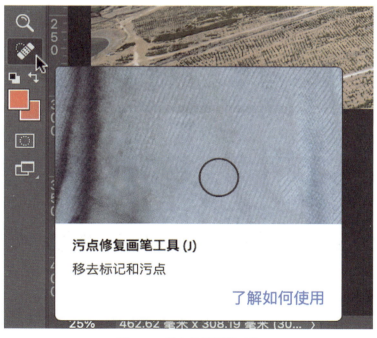

图 4.16　污点修复画笔工具

图 4.17　污点修复画笔工具处理效果

7) 减淡/加深工具

图 4.18 为减淡/加深工具。选择减淡工具时，画笔涂抹的地方会变亮；选择加深工具时，画笔涂抹的地方会变暗。通过改变画笔属性可以调整涂抹时每一笔的形状、大小和硬度等。减淡效果如图 4.19 所示。

图4.18　减淡/加深工具

图 4.19　减淡工具处理效果

8) 吸管工具

图 4.20 为吸管工具，其主要用于提取画面中的色彩。点击吸管工具，然后选择画面中要提取的颜色，前景色模块就会显示已经提取的颜色，如图 4.21 所示。

图 4.20　吸管工具

图 4.21　吸管工具效果

9) 渐变工具

渐变工具能够在图像中实现从一种颜色到另一种颜色的平滑过渡，或者实现颜色由浅到深、由深到浅的变化。利用渐变工具，用户可以轻松地在图像、背景、文字、形状等设计元素上应用渐变效果，使设计作品更加生动有趣，色彩更加丰富多变。其操作方法如下：

（1）选择渐变工具，也可使用快捷键"G"打开渐变工具，如图 4.22 所示。

（2）点击如图 4.23 所示的 2 号位置，打开渐变模式菜单。

（3）点击如图 4.23 所示的 3 号位置选择"渐变模式"。选中图片，长按鼠标左键，向上拖拽鼠标，完成渐变处理，效果如图 4.24 所示。

图 4.22　渐变工具　　　　　　　图 4.23　渐变工具效果选项

图 4.24　渐变工具处理效果

10）混合模式

混合模式是指在一个图层上应用颜色或图像时，该图层颜色与下方图层（或背景）颜色相互作用的方式。运用混合模式，可以实现色彩混合、图层效果调整、创意设计、图像修复与合成等效果，具体操作如下：

（1）在"图层"面板中选择"背景"→"拷贝"图层。

（2）选择图层混合模式为"柔光"。

（3）调整不透明度为"25%"，如图 4.25 所示。

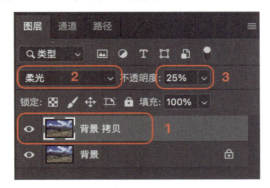

图 4.25   混合模式工具

11）矩形选择工具

矩形选择工具是 PS 中一个非常基础且强大的工具，它允许用户以矩形形式快速选择图像中的特定区域进而进行编辑、裁剪、复制或应用各种滤镜效果等操作，其具体操作如下：

（1）单击"图层"面板中的"创建新图层"图标以添加图层。

（2）单击矩形选择工具。

（3）按住"Shift"键拖动鼠标，自定义一个矩形区域，如图 4.26 所示。

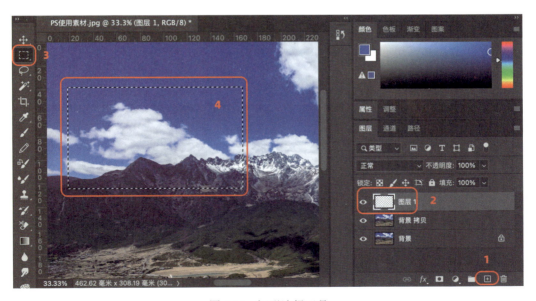

图 4.26   矩形选择工具

12）字符工具

在图片中插入文字时，需要使用字符工具。在 PS 中将文字以独立图层的形式存放，输入文字后将会自动建立一个文字图层，图层名称就是文字的内容。其操作步骤如下：

（1）单击文本工具"T"。

（2）在选项栏中设置字体为"华文宋体"，并将字体大小设置为"25 毫米"。

（3）单击工作区域，输入文本"图片处理"，图 4.27 为使用字符工具的处理效果。

图 4.27　使用字符工具的处理效果

13) 移动工具

移动工具可以移动画面中所有后期插入的元素，如文字、图层画面等。以移动字符位置为例，其操作步骤如下：

(1) 单击移动工具，或使用快捷键"V"。

(2) 拖动字符至任意位置，如图 4.28 所示。

图 4.28　移动字体

14) 橡皮擦工具

橡皮擦工具可以将像素更改为背景色或透明。使用该工具在普通图层中进行擦除，则擦除的像素将变透明；在"背景"图层或锁定了透明像素的图层中进行擦除，则擦除的像素将变成背景色。其操作步骤如下：

（1）单击橡皮擦工具，并调整笔刷大小，如图 4.29 所示。

图 4.29　橡皮擦工具

（2）将鼠标拖动至需要擦除的区域，长按进行擦除，其处理效果如图 4.30 所示。

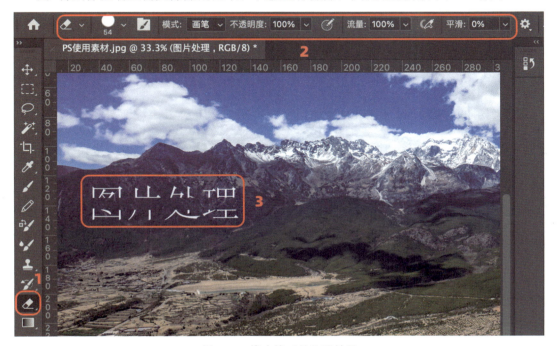

图 4.30　橡皮擦工具处理效果

15) 保存

选择文件菜单下的"存储",或使用快捷键"Ctrl + S"进行保存,如图 4.31 所示。

图 4.31 保存选项

4.1.2 航拍照片处理

如果无人机航拍得到的成果照片不能满足需求,则需要通过图片处理软件进行相应的修改和处理,以得到理想的照片。

1. 图像基本调色

图像的基本调色旨在借助图像处理工具,优化图像的色彩、亮度、对比度和整体视觉效果,其具体操作如下:

(1) 利用 PS 软件打开所需要处理的图片,如图 4.32 所示。

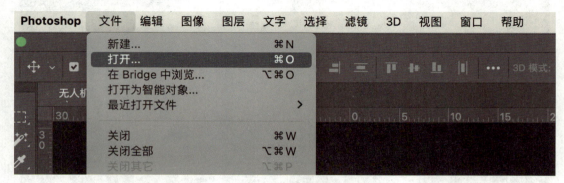

图 4.32 打开图片

(2) 如图 4.33 所示,复制背景图层,以便后期制作不当时可以调用原图,同时可以将原图和处理过的图片进行对比,从而观察制作效果。图 4.34 为复制图层之后的界面。

图 4.33　右键点击"复制图层"

图 4.34　复制图层之后的界面

（3）选取复制的图层，在调整面板里使用曲线、色阶、自然饱和度、色相、色彩平衡、曝光度、颜色查找、亮度、对比度、色彩饱和度、黑白、照片滤镜、色调分离、通道混合器等相应的功能进行图片编辑，如图 4.35 所示。

图 4.35　调整面板

（4）进入色阶调整面板，根据需求调整色阶元素变量，观察图像实时效果，如图 4.36 所示。

图 4.36　图片色阶调整的界面

（5）进入曲线调整面板，找到"曲线"元素变量选项，在对应窗口调整曲线改变图像效果，观察图像实时效果，如图 4.37 所示。

图 4.37　图片曲线调整的界面

（6）调整色彩饱和度和自然饱和度。找到"色相/饱和度"和"自然饱和度"元素变量，通过调整参数使图片达到期望的效果，如图 4.38 和图 4.39 所示。

图 4.38　图片色相/饱和度调整的界面

图 4.39　图片自然饱和度调整的界面

（7）调整色彩平衡。找到"色彩平衡"图像元素变量，通过调整三原色参数使图片达到期望的效果，如图 4.40 所示。

图 4.40　图片色彩平衡调整的界面

（8）图像调整基本完成。如果仍有欠缺，可以根据需要进行其他变量调整。结束调整后，将调整的所有变量图层与复制的背景图层进行合并，使这些变量仅作用于复制的图层，如图 4.41 所示。将复制的图层与原图进行对比，调色前后的效果如图 4.42 和图 4.43 所示。

图 4.41　合并图层

图 4.42　调色前的效果图

图 4.43　调色后的效果图

2. 图像换天处理

换天处理通常需要将一张天空素材无缝替换原图中的天空，过程十分烦琐，但随着软件的不断升级，换天处理越来越便捷。

1）常规换天处理

（1）打开需要换天处理的素材图片与合适的蓝天白云图片，如图 4.44 所示。

图 4.44　蓝天白云图片打开后的界面

（2）利用移动工具将蓝天白云图片拖到需要处理的素材图片上，如图 4.45 所示。

图 4.45　拖动蓝天白云图片

（3）利用缩放、移动等工具调整好蓝天白云图片的位置，如图 4.46 所示。

图 4.46　调整好的蓝天白云

（4）双击"图层 1"的空白处，弹出"图层样式"对话框，如图 4.47 所示。

图 4.47　打开"图层样式"对话框

（5）在"图层样式"对话框中打开"混合选项"界面，单击"混合颜色带"选项，在下拉列表中选择"蓝"，如图 4.48 所示。

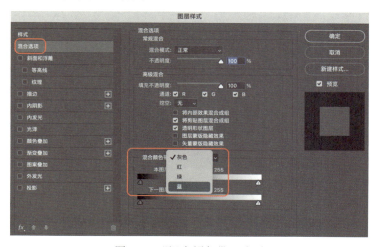

图 4.48　"混合颜色带"选项

（6）找到"混合选项"中的"下一图层"颜色条，移动黑色三角色块，观察图像变化，如图4.49所示。

图4.49 移动黑色三角色块

（7）不断调整黑色三角色块的位置，如图4.50所示，直至蓝天白云与所需换天处理的图片完美融合，处理过程中可通过裁剪工具去除效果不理想的部分，如图4.51所示。

图4.50 调整黑色三角色块效果

图4.51 去除效果不理想部分

（8）最终效果如图 4.52 所示。

图 4.52　换天处理后的效果

2) 使用 PS 自带的换天功能进行天空更换

（1）在 PS 中打开需要换天的照片，如图 4.53 所示，并复制背景。

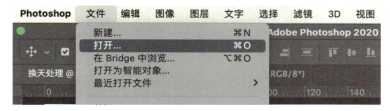

图 4.53　打开需要换天的图片

（2）在编辑菜单中找到"天空替换 …"选项，如图 4.54 所示。

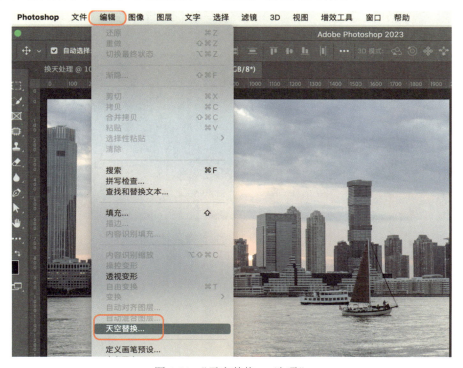

图 4.54　"天空替换 … 选项"

(3) 在"天空替换"面板中选择合适的天空图片进行替换，如图 4.55 所示。

图 4.55 "天空替换"面板

(4) 将"天空替换"操作面板里的相关参数进行调整后，单击"确定"按钮完成天空替换，其效果对比如图 4.56 所示。

图 4.56 完成天空替换的效果对比图

4.1.3 实训任务

1. 航拍照片后期处理

使用 PS 软件对自选素材进行相应的处理。

1）全景照片处理

航拍无人机可以通过控制飞行高度来获得远距离的景色，但是拍摄近处的大画幅场景时，就需要使用 PS 工具将所拍摄的照片进行拼接来实现。具体操作如下：

（1）打开 PS 软件。

（2）执行文件菜单下的"自动"→"Photomerge…"功能。

（3）按顺序导入需要拼接的图片（图片间需要有互相重叠的部分，且文件名按序号排列）。

（4）勾选"混合图像""晕影去除""几何扭曲矫正"等选项。

（5）单击"确定"，等待计算完成。

（6）观察合成好的图片是否存在颜色和透视比例不协调、同一元素是否多次出现和其他瑕疵。

（7）如果有瑕疵，则检查瑕疵出现的位置，重新调整原始图片后再进行合成。

（8）如果合成的图片没有问题，则将所有素材图层进行合并。

（9）依据需求选择液化工具填补照片周围的缺失缝隙，或者使用裁剪工具裁剪出所需要的部分。

2）改变天气背景

逆光拍摄时，如果没有设置好曝光值，则很容易让湛蓝的天空变得惨白，或者遇上阴冷天气，拍出的照片显得阴沉沉的。为了避免二次拍摄，可以使用一张蓝天白云的照片进行合成，重现晴朗风貌。具体操作如下：

（1）从已拍照片中选取适合进行合成的照片。

（2）从网上下载一张蓝天白云照片。

（3）在 PS 中打开两张照片。

（4）选择天空发白的照片作为当前编辑照片。

（5）将天空发白的照片的背景图层拖拽到复制背景上，形成背景副本图层。

（6）选择背景副本图层，选择"魔棒"工具，在魔棒工具菜单栏选择"添加到选区"，容差选择"15"，取消连续前面的选框。

（7）在发白天空图片的位置单击鼠标左键，直至所有天空位置全部被选。

（8）按"Delete"键删除发白的天空，再按"Ctrl + D"键撤销圈选。

（9）选择网上的天空文件复制到背景中。

（10）拖动天空文件背景图层至背景副本下面，按下"Ctrl + T"键，调整"天空"素材的大小，使其覆盖在整个图片中。

（11）选择"背景副本"图层，调整"饱和度和明度"，使背景和天空更加自然。

（12）选择"色相饱和度"，调整图层，点击右键，选择"创建剪切蒙版"并保存。

3）一键换天

除了上面这种原始的方法，在 PS 2021 以及更高版本中也可使用软件自带的一键换天功能更快地处理图片，具体操作方法如下：

（1）在 PS 中打开需要换天的图片。

（2）在编辑模块中找到"天空替换"功能并打开，如图 4.57 所示。

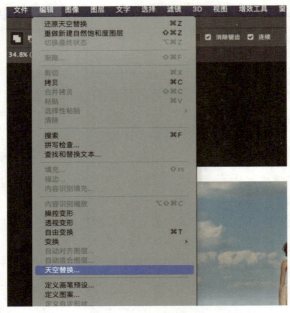

图 4.57　天空替换功能选项

（3）选择合适的天空元素并调整边缘细节和前景，使整个画面颜色过渡更加自然饱满。如果没有合适的天空元素，也可以自行选择进行导入使用，如图 4.58 所示。

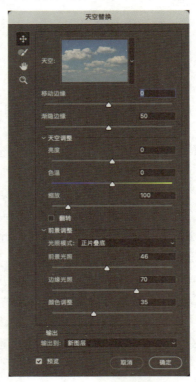

图 4.58　天空替换具体参数设置

（4）单击"确定"，将图片进行保存，完成换天操作。

4）后期打造 HDR 效果

HDR 照片可以使照片中高光部分和暗区部分都有着较高的细节显示。打造 HDR 效果照片的具体方法如下：

（1）在 PS 中打开所需要调整的照片。

（2）复制背景，生成背景副本。

（3）在背景副本中打开"图像"菜单，选择调整中的"阴影/高光"命令，依照照片需求调整相应数值还原照片细节，调整完毕后点击"确定"。

（4）在当前图层中打开"调整亮度与对比度"工具，根据需要调整对比度，完成后将调整图层向下合并至背景副本。

（5）点击"滤镜"菜单→"其他"→"高反差保留"，设置合适的像素，单击"确定"，设置叠加模式为强光。

（6）至此就完成了照片的修改，进行保存。

2. 总结

航拍不仅需要扎实的拍摄功底，修图的技能也十分重要，本次实训仅选取了航拍中经常会用到的一些场景作为练习，在实际应用中可能会遇见更多的使用场景，希望读者在实际应用中不断学习，逐步提高航拍技术。

○ 课后练习

1. 常见的图片处理软件主要有哪些？

2. 图片后期制作流程是什么，有哪些注意事项？

3. 如何使用 Adobe Photoshop 软件进行图片二次调色？

任务 4.2　航拍视频剪辑

航拍视频剪辑
（实操）1

航拍视频剪辑
（实操）2

○ 任务描述

本任务主要介绍 5 个方面内容，包括素材剪辑、特效运用、字幕添加、配音添加、成片渲染。素材剪辑部分主要是常见的视频剪辑类软件（Adobe Premiere Pro、DJI FLY 视频编辑器、EDIUS 后期软件）学习；特效运用部分包括视频播放特效、视频过渡特效、音频播放特效、音频过渡特效；成片渲染部分主要是导出渲染设置。

任务内容

4.2.1 素材剪辑

1. 常见的视频剪辑软件

1) Adobe Premiere Pro

Adobe Premiere Pro 简称"Pr"，是视频编辑爱好者和专业人士必备的视频编辑工具，如图 4.59 所示。它可以提升创作能力和自由度，是一款易学、高效、精确的视频剪辑软件。Pr 提供了采集、剪辑、调色、美化音频、字幕添加、输出、DVD 刻录等多种功能，并和其他 Adobe 软件高效集成，可以完成在编辑、制作、工作流程上遇到的大部分挑战，因此它是航拍最常用的一款后期制作软件之一。

图 4.59　Adobe Premiere Pro 软件

图 4.60 所示为 Pr 软件主界面。

图 4.60　Pr 软件主界面

2) DJI FLY 视频编辑器

DJI FLY 的创作模块主要提供视频的编辑处理功能,如图 4.61 所示。配合无人机航拍时的图传录屏功能,可以方便地将缓存视频快速剪辑成片,并一键分享到社交媒体平台,如朋友圈、微博、Twitter、Facebook 等。

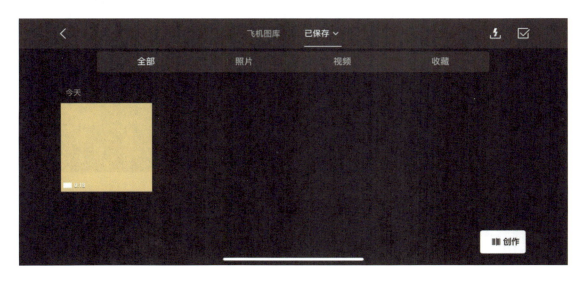

图 4.61　DJI FLY 创作模块界面

（1）航拍时，在 App 中开启"录像时进行缓存"功能，实时录制图传画面。结束拍摄后，App 的"飞机图库"模块中会出现新的视频片段，并有"缓存"的提示角标，如图 4.62 所示。利用缓存视频，可以直接编辑成片，方便快捷。

图 4.62　飞机图库模块界面

（2）"编辑器"中直接生成的视频片段是录屏画面。如果希望得到更高质量的素材，可以在"设备"回放中批量下载原片，如图 4.63 所示。

图 4.63　视频缓存

（3）如果需要加入地拍元素，如手机、DJI Osmo 之类设备拍摄的片段。点击视频轨道右侧的"+"图标，即可选择导入手机相册文件（视频、图片等），如图 4.64 所示。

（4）DJI FLY "创作"可以调整片段速率，使用时往往用来调整单段视频的整体速率，此功能还可实现一些酷炫效果，比如由慢到快的变速。制作影片时，App 自带的背景音乐可供选择，从而完成创作，如图 4.65 所示。

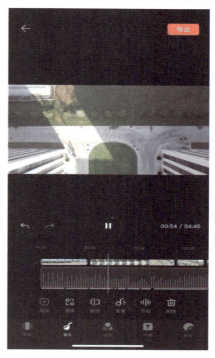

图 4.64　导入内容　　　　　　　　　　图 4.65　选择配音

（5）使用节拍功能中的"一键踩点"功能，如图 4.66 所示，所有片段切换位置都会跟随音乐旋律，影片会更加有律动感。需要注意的是，使用"一键踩点"功能，App 会自动二次剪辑已完成的视频片段，此过程有可能会剪掉一部分镜头。

图 4.66　一键踩点功能

（6）用"创作编辑器"剪辑完成后，可以一键直接上传到天空之城，或分享到抖音、微信、微博等社交媒体平台，如图 4.67 所示。

图 4.67　视频分享

3) EDIUS

EDIUS 是一款非线性编辑软件，如图 4.68 所示，专为广播和后期制作环境而设计，特别针对新闻记者、无带化视频制作和存储场景。EDIUS 拥有完善的基于文件的工作流程，提供实时、多轨道、多格式混编、合成、色键、字幕和时间线输出等功能。除了标准的 EDIUS 系列格式，还支持 Infinity JPEG 2000、DVCPRO、P2、VariCam、Ikegami GigaFlash、MXF、XDCAM、Sony RAW、Canon RAW、RED R3D 和 XDCAM EX 等视频素材，同时支持所有 DV、HDV 摄像机和录像机等拍摄的素材。

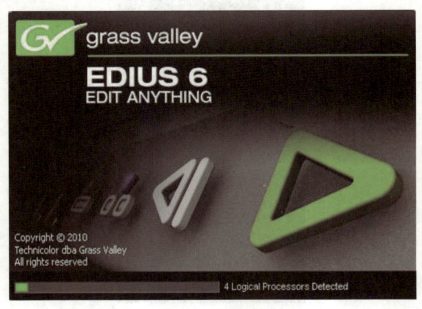

图 4.68　EDIUS 软件

此软件对硬件配置要求不高，可以达到专业级别的视觉效果。新版 EDIUS 软件支持 4 K 视频，内置插件的特效及转场库丰富，支持多格式混编功能。EDIUS 软件支持业界主流编解码器的源码编辑，即使当不同编码格式在时间线上混编时，也无需转码。另外，用户无须渲染就可以实时预览各种特效。除此之外，视频输出支持所有格式，包括 1080P 50/60 帧和 4 K 数字电影格式。

2. Pr 软件视频剪辑步骤

（1）打开 Pr 软件，单击"新建项目"选项，创建新的视频处理工程项目，如图 4.69 所示。

图 4.69　新建项目

（2）在"新建项目"弹出窗口，编辑视频处理项目名称，单击"创建"，如图 4.70 所示。

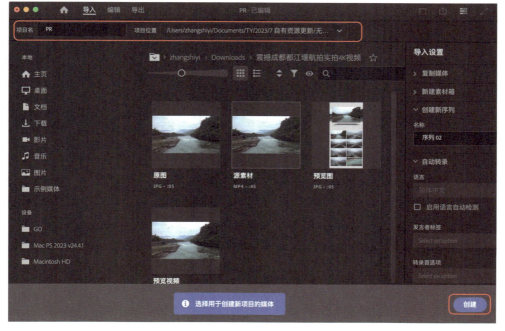

图 4.70　项目命名

(3) 将准备好的视频拖到 Pr 软件左下角的项目窗口里，等待上传，如图 4.71 所示。视频格式要求为 MP4，否则无法上传。

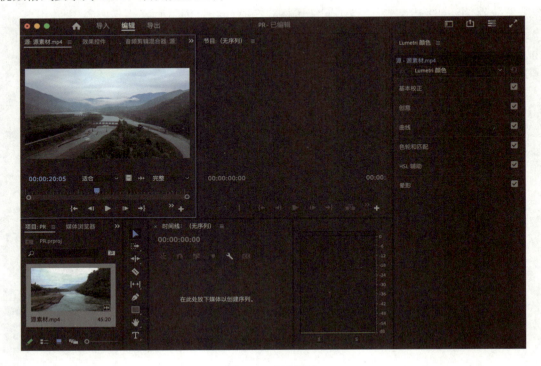

图 4.71　视频导入

(4) 视频导入完成后，将其拖到右下角的序列窗口 (时间轴面板) 中，如图 4.72 所示。

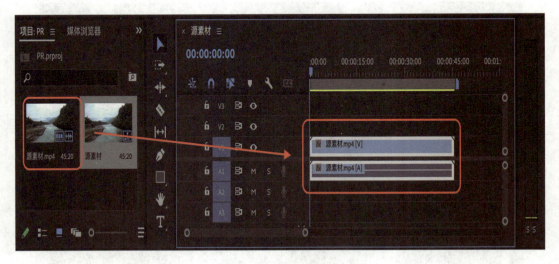

图 4.72　创建剪辑序列

(5) 需要注意的是，[V] 序列对应视频，[A] 序列对应音频，如图 4.73 所示。如果不需要额外配音，剪辑时可以将视频和音频同时剪辑，如果需要配音则删除原音频，完成录音后导入 Pr 软件即可。

图 4.73 视频和音频序列

（6）若视频剪辑要求精确到毫秒，需要控制好剪辑时间段，通过移动"调节点"至剪辑位置即可，如图 4.74 所示。

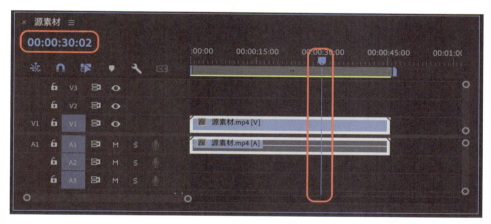

图 4.74 序列调节点

（7）根据需要可通过剃刀工具对素材进行分割，如图 4.75 所示。

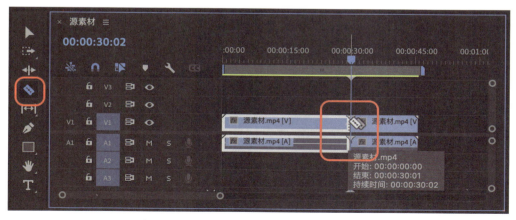

图 4.75 剪辑剃刀

（8）剪辑完成后导出，全部选项默认初始设置进行导出，如图 4.76 所示。

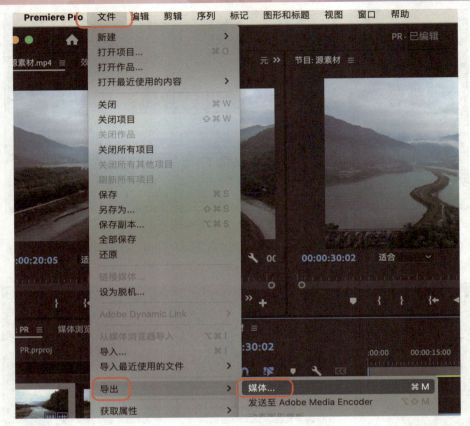

图 4.76　导出媒体

4.2.2　特效运用

1. 视频播放特效

视频特效添加方法大同小异，此处以色彩特效为例。

（1）打开 Pr 软件，导入视频素材，如图 4.77 所示。

图 4.77　导入素材

（2）在"效果"选框中，单击"视频效果"，如图 4.78 和图 4.79 所示。

图 4.78　"效果"选框　　　　　　　　　　图 4.79　视频效果

图 4.80 为"视频效果"的选项列表。

图 4.80　视频效果菜单

(3) 选择"色彩"效果，并将其拖入视频序列，如图 4.81 所示。

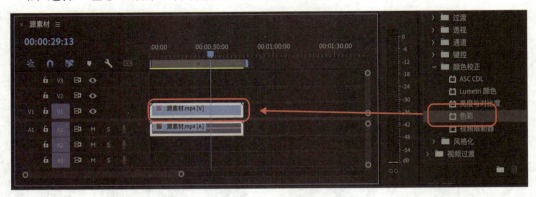

图 4.81　添加"视频效果"特效

图 4.82 为运用"色彩"特效之后的效果。

图 4.82　运用"视频效果"后的效果

2. 视频转场特效

视频转场特效添加方法大同小异，此处以"双侧平推门"特效为例。

(1) 在"效果"选框中，单击"视频过渡"，如图 4.83 所示。

图 4.83　视频过渡窗口

图 4.84 为"视频过渡"的选项列表。

图 4.84　切换效果菜单

（2）选择"双侧平推门"特效，并将其拖入右侧视频序列中，如图 4.85 所示。

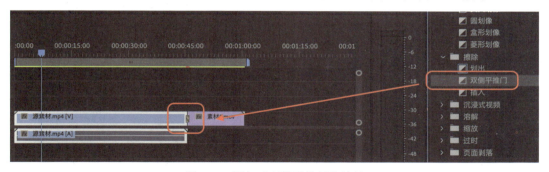

图 4.85　添加"双侧平推门"特效

图 4.86 为运用"双侧平推门"特效之后的效果。

图 4.86　运用双侧平推门后的效果

注意：添加特效时需保证两个视频片段无间隔。

3. 音频播放特效

音频播放特效以降噪为例，具体操作如下：

（1）在"效果"选框中，单击"音频效果"，如图 4.87 所示。

图 4.88 为"音频效果"窗口的选项列表。

图 4.87　效果窗口　　　　　　　　　　　　　图 4.88　音频效果窗口

（2）选择"降噪"拖入左侧的音频序列，如图 4.89 所示。

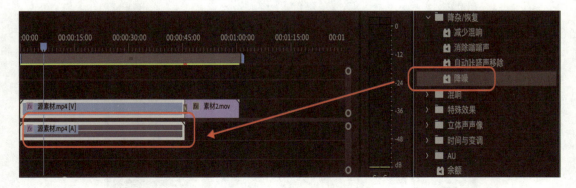

图 4.89　添加音频效果

（3）通过戴耳机或者电脑外放来检查音频效果是否应用成功。

4. 音频过渡特效

音频过渡特效以"指数淡化"为例，具体操作如下：

（1）在"效果"窗口中，单击"音频过渡"，如图 4.90 所示。

图 4.90　效果窗口

图 4.91 为"音频过渡"特效菜单的选项列表。

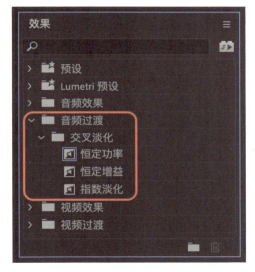

图 4.91　音频过渡特效菜单

（2）选择"指数淡化"特效，拖入左侧两个音频序列中，如图 4.92 所示。

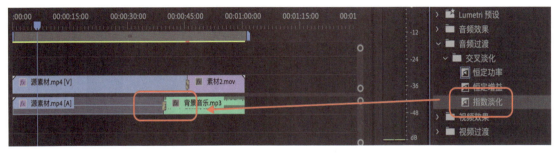

图 4.92　添加指数淡化特效

（3）通过戴耳机或者电脑外放检查"音频过渡"效果。

4.2.3 添加字幕

添加字幕操作步骤如下：

（1）打开 Pr 软件的"新建项目"，如图 4.93 所示。

图 4.93　新建项目

（2）单击"媒体浏览器"选框，打开需要添加字幕的视频文件夹，选中要处理的视频素材进行导入，如图 4.94 所示。

图 4.94　导入视频素材

（3）导入视频素材后，单击菜单栏中的"图形和标题"选项，选择"新建图层"下的"文本"选项，如图 4.95 所示。

图 4.95　文本选项

（4）在字幕编辑工具框中输入文本，如图 4.96 所示。

图 4.96　添加文本图层

（5）输入需要添加的字幕后，可以通过工具栏调整字幕的大小，颜色等参数，或单击"箭头工具"，移动字幕位置，如图 4.97 所示。

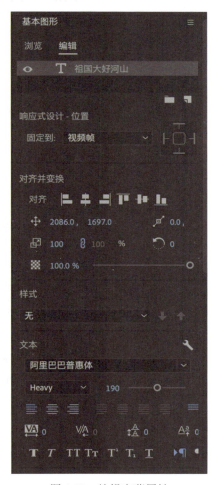

图 4.97　编辑字幕属性

（6）字幕移动到编辑框后，将预览进度条移动到放置字幕的位置，即可看到字幕出现在视频画面的效果，如图4.98所示。

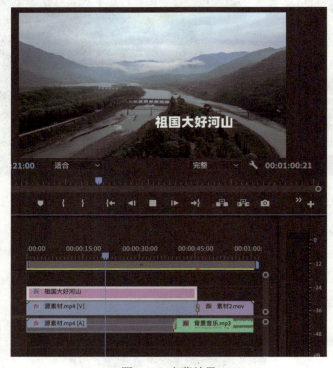

图4.98 字幕效果

（7）字幕添加完成，按回车键进行渲染后导出媒体，如图4.99所示。

图4.99 导出

4.2.4　添加配音

为视频添加配音时，需要确保配音内容与视频画面相匹配，避免出现声音与画面不同步的情况。配音的音量和音质也需要进行调整和优化，以确保用户能够清楚地听到配音内容并感受到其带来的效果。其具体操作步骤如下：

（1）检查计算机的内置麦克风相关参数设置，如图 4.100 所示。

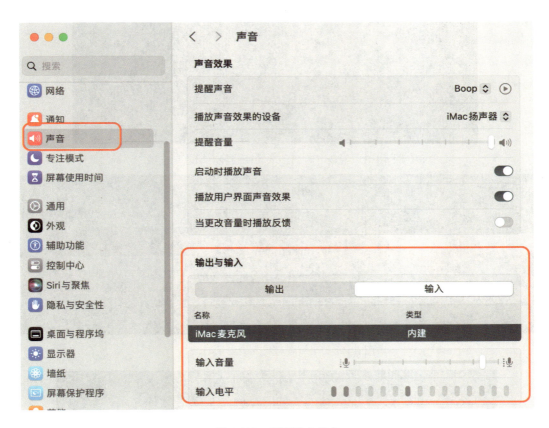

图 4.100　查看输入设备

（2）对要处理视频的声音部分进行设置。依次点击"Premiere Pro"→"首选项"→"音频"，并勾选"时间轴录制期间静音输入"选项，如图 4.101 所示。

（3）将视频素材导入到时间轴面板，如图 4.102 所示。

（4）单击音频序列 A2 轨道上的"画外音录制"按钮（如图 4.103 所示），电脑屏幕底部出现"正在录制"文字提示时表示配音进行中，如图 4.104 所示。

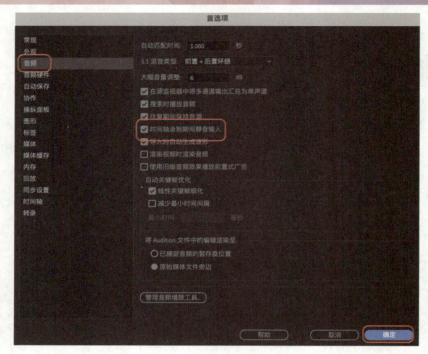

图 4.101　勾选"时间轴录制期间静音输入"选项

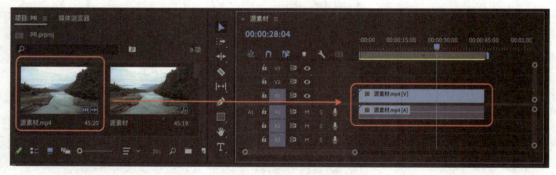

图 4.102　左侧素材导入到右侧时间轴

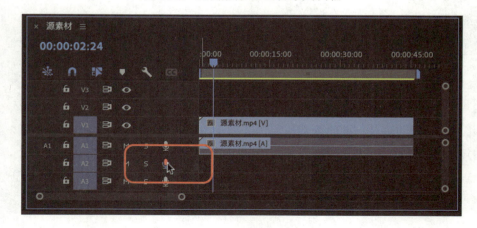

图 4.103　点击"画外音录制"按钮

图 4.104　提示 "正在录制…"

（5）录制完成后，按下空格键即可停止录制，如图 4.105 所示。

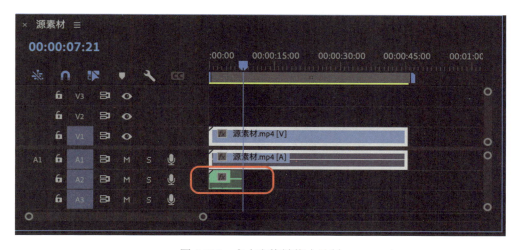

图 4.105　点击空格键停止录制

4.2.5　成片渲染

Pr 软件可以对导出的视频进行智能渲染，能够最大程度避免重复压缩，保证高质量输出。以下是导出渲染设置的具体操作步骤：

（1）打开 Pr 软件，单击 "新建"，指定视频后期制作的保存路径，以便能快速找到处理好的视频，如图 4.106 所示。

图 4.106 新建项目

(2) 创建项目时要设置序列预设，推荐设置 "DVCPROHD-720P-DVCPROHD720p50"，该设置能够直接改变视频文件大小，如图 4.107 所示。

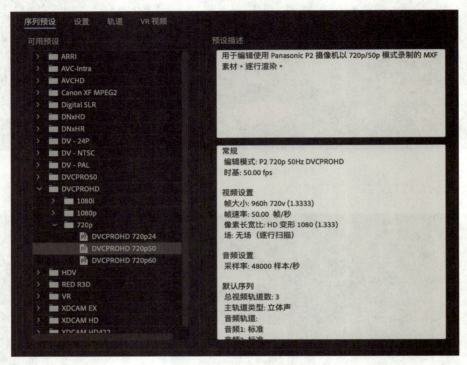

图 4.107 推荐序列设置

(3) 将需要渲染的视频添加到序列中，然后将其拖入到时间轴上，操作中可能会出现剪辑素材与预置序列设置不匹配的现象，在需要符合特定标准或要求的情况下应单击 "更改序列设置"，而在大多数情况下，为了保持视频素材的原始属性，应选择 "保持现有设置"如图 4.108 所示。

图 4.108 素材与预置序列设置不匹配

(4) 若需要根据序列尺寸动态、调整素材大小时，可右击时间轴上的视频序列，选择 "缩放为帧大小" 选项，此时视频画面将和序列尺寸相匹配，如图 4.109 所示。

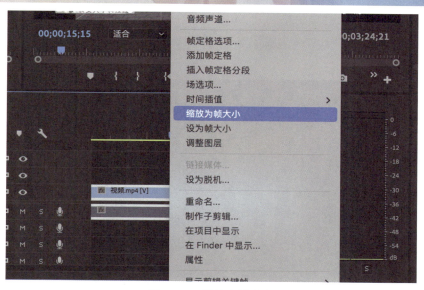

图 4.109　缩放为帧大小

（5）依次单击菜单栏中的"文件"→"导出"→"媒体"选项，如图 4.110 所示。

图 4.110　导出

（6）渲染界面中默认的导出格式是 AVI 编码格式，但 AVI 编码格式渲染后的视频文件相对较大，因此推荐选择 H.264 编码格式，以保证渲染后的视频文件不会太大，如图 4.111 所示。

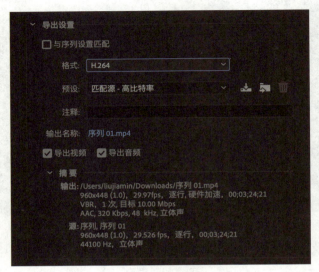

图 4.111　编码格式设置

（7）由于默认导出的比特率相对较大，导致渲染出来的视频文件较大，因此渲染时需要调整，推荐调整为 3-4 比特率，如图 4.112 所示。

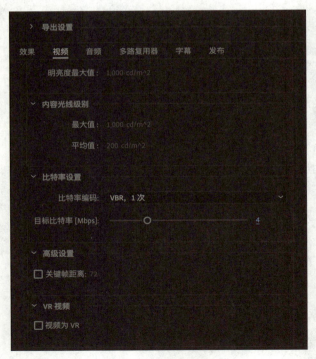

图 4.112　调整比特率

注意：剪辑视频前应查看视频属性，确认原始视频信息。

4.2.6 实训任务

1. 航拍视频后期处理

一般而言，航拍视频即便未经剪辑也足以呈现震撼人心的画面，而视频剪辑工具在某种程度上可以增强这种效果。通过巧妙的剪辑，不仅能够强化画面的表现力，甚至可以达到意想不到的效果。

1）逆世界特效合成

（1）打开 Pr 软件。

（2）将准备好的航拍视频拖入素材库。

（3）将素材拖入时间轴面板。

（4）截取适当时间长度的素材，点击"速度持续时间"选项，输入大于"100"的数值进行加速。

（5）在效果栏中搜索"裁剪"，将裁剪效果拖拽至视频素材上，如图 4.113 所示。

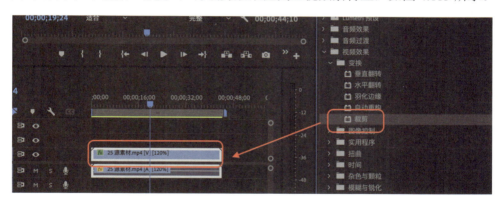

图 4.113 将裁剪效果拖拽至视频素材

（6）在打开的效果控件中找到"位置"，调整 y 轴数值，使得整体视频画面向下移动至画面约 2/3 处的位置上，如图 4.114 所示。

图 4.114 调整 y 轴数值

（7）将素材顶部裁剪至画面 1/2 处的位置，如图 4.115 所示。

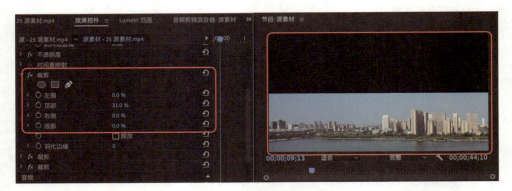

图 4.115　对素材顶部进行裁剪

（8）在效果控件中找到"羽化边缘"，增大羽化值，如图 4.116 所示。

图 4.116　增大羽化值

（9）复制设置好的素材，旋转 180°并移动 y 轴的位置，如图 4.117 所示。

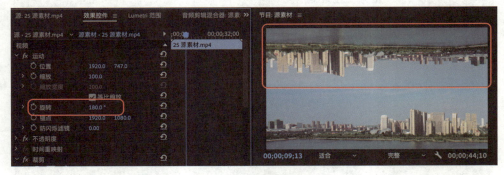

图 4.117　复制旋转和移动

（10）观察拼接处是否过渡自然，必要时需调整顶部裁剪位置。

（11）框选两段视频，单击右键进行嵌套。

（12）根据需要对嵌套视频可进行整体调整，如旋转、缩放等。

（13）根据需要为视频添加一段适合的音乐，完成剪辑。

2）分屏效果视频

（1）选择 3 段素材，并新建一个序列，将 3 段视频画面大小进行一定的调整。

（2）将 3 段素材分别放到 v1 ～ v3 轨道，并分别放置在画面的左上角、右上角和画面底部。

（3）在效果面板搜索"线性擦除"，并添加给 3 段素材（Ctrl+A 全选，拖动线性擦除到 3 段素材上）。

（4）通过调整线性擦除的角度对画面进行调整，使 3 段素材达到想要的画面效果，如图 4.118 所示。

图 4.118　调整线性擦除的角度

（5）单击左上角的"文件"→"新建旧版字幕"，在旧版字幕的面板中选择"矩形工具"，画出白色长条勾勒视频拼接处和画面边缘，如图 4.119 所示。

图 4.119　画出白色长条勾勒视频拼接处和画面边缘

（6）在音轨中添加合适的音频，完成分屏效果。

2. 总结

在使用 Pr 剪辑特效时，读者需掌握一定的软件操作基础与视觉特效技术，再发挥创意想象力与审美能力，保持积极主动与细致耐心的学习态度，并通过大量实践积累经验，提升在视频编辑领域的综合能力与创造力。

◯ 课后练习

1. 常见的视频剪辑软件主要有哪几种？

2. 视频后期制作过程包含哪些关键步骤，每个阶段的注意事项有哪些？

3. 实训练习：使用 Adobe Premiere Pro 软件剪辑一段视频短片。

实拍案例欣赏

1. 城市

在拍摄城市风光时，相较于相机和手机，使用无人机航拍具有视野更广阔、空间更宏大的优势。

进行航拍时，一般选择在阳光明媚、能见度高的天气下进行。但有时在一些极端的天气条件下，航拍出来的效果更加令人惊艳，比如在晨雾、台风来临前后等。既可以选择顺光的场景来反映城市建筑细节，也可选择侧光、侧逆光场景来表达光影氛围。附图1为航拍多云天气下的上海外滩，附图2为航拍的长沙云雾风光。

附图1 上海外滩

附图2 长沙云雾

太阳从早到晚、从东到西移动的位置和被摄物体或场景的关系错综复杂。如果太阳所处的位置不适合航拍，那么就需要在太阳方向最适合被摄景物的时候再进行拍摄。在航拍时，不仅要选择直射的阳光或柔和的漫射光，还需要选择适宜的天气状况。附图3为航拍阳光直射下的自贡市。

附图3 阳光直射下的自贡市

除太阳之外，光线对城市航拍摄影的照片外观也起到很大作用。直射阳光从侧面斜照在拍摄场景中，可以突出呈现标志性景物，使它们与暗背景或背景的阴影形成对比，这种航拍技巧可以将欣赏者的注意力引导到场景的特殊部分。附图4为航拍的城市跨江大桥。

附图4 城市跨江大桥

2. 自然

成功的自然风光摄影不仅需要准确地描述自然环境，也要求以浪漫或戏剧性的方式来捕捉拍摄场景的气氛和特点。通常情况下，有经验的拍摄人员会选择在日出或日落前后

30 分钟以内进行自然风光的拍摄，主动避开大光比时间。值得注意的是，在日出、日落前后进行拍摄时，应该照顾到天与地的曝光问题，避免出现过曝与死黑现象。附图 5 为航拍的日出风光。

附图 5　日出风光

影响风光被记录的所有因素中，光线是首要的，主要涉及自然光，时间的早晚、天气、季节等因素均会影响拍摄效果。时间的早晚主要影响光线的方向，天气条件影响光质（硬光、半散射光、柔光）和场景中光线的分布。同样类型的风景，能够呈现出许多不同的效果。附图 6 为阳光穿透云层的航拍效果。

附图 6　阳光穿透云层

此外，在风光摄影中，色彩的强弱受大气条件，光线的色彩、类型和强度，相机饱和度设定以及滤镜的使用等影响非常大。在一场倾盆大雨之后，黄昏直射的、温暖的光线可以增加色彩的强度和饱和度。附图 7 为使用滤镜后的山间航拍效果。

附图 7　使用滤镜后的山间航拍

3. 建筑

拍摄建筑时，最重要的是要控制好光线和拍摄地点。在拍摄时，需要通过太阳的移动来选择建筑物的不同立面，最好能够在一天之内不断观察光线是如何改变建筑物的体积、外貌、色彩和阴影形状的。同时，要展示建筑物的主要特征，并选择最佳时间和光线条件，使它们同时体现在一张照片中。

拍摄过程中，可以尝试采用对称构图法，使用垂直向下的角度，拍摄城市具有代表性的高架桥、地标大楼等。附图 8 为滴水湖皇冠假日酒店的航拍效果，附图 9 为《魔都上海》系列的航拍效果。

附图 8　滴水湖皇冠假日酒店

附图 9 　《魔都上海》系列

4. 体育赛事

体育赛事摄影强调的是真实性、即时性与准确性，作品虽然是静止无声的画面，但它给欣赏者所呈现的却是紧张激烈的竞赛气氛和惊险优美的瞬间。

在体育赛事的拍摄中，时机是关键。体育动作一般是具有可预测性的，在拍摄前，首先要观察和预测何种动作将要在何时何处展开，并尽量捕捉动作中最富于视觉表现的瞬间。附图 10 为海上冲浪运动的航拍效果。

附图 10 　海上冲浪运动

5. 夜景

航拍夜景大多都是在灯火通明的市区，由于市区高楼林立，飞行环境相当复杂。航拍夜景要想做到安全稳妥，就需要拍摄人员白天提前勘景、踩点。

在拍摄夜景时，需要考虑反差问题。最好是在傍晚拍摄，因为黄昏拍摄意味着仍有足够的光线保留纹理、细节和色彩，更晚的时间拍摄同一场景，城市灯光将会变成一系列映衬在几乎全黑环境下的小亮点。附图 11 为航拍的城市夜景。

附图 11　城市夜景

城市的高楼建筑大多会采用玻璃、金属等反光材质，捕捉夜晚灯光在建筑墙面反射的光影，能够拍出绚丽的夜景效果。附图 12 为航拍的成都夜景。

附图 12　成都夜景

参 考 文 献

[1] 付强，彭浩 . 无人机摄影航拍及后期制作 [M]. 北京：机械工业出版社，2024.

[2] 王宝昌 . 无人机航拍技术 [M]. 西安：西北工业大学出版社，2017.

[3] 李长海，张循利，高坤，等 . 无人机航拍技术 [M]. 北京：清华大学出版社，2021.

[4] Captain（朱松华），王肖一 . 无人机摄影与摄像 [M]. 北京：化学工业出版社，2021.

[5] 崔缘 . 无人机航拍摄影与摄像实战教程 [M]. 北京：人民邮电出版社，2022.

[6] 叶序 . 飞手航拍教程 [M]. 北京：清华大学出版社，2022.

[7] 石明祥 . 零基础学无人机航拍与短视频后期剪辑实战教程 [M]. 北京：北京大学出版社，2023.

[8] 龙飞 . 大疆无人机摄影航拍与后期教程 [M]. 北京：化学工业出版社，2023.

[9] 伊沃·马尔诺 . 无人机航拍手册 [M]. 徐大军，译 . 北京：人民邮电出版社，2017.

[10] 徐岩 . 轻松学航拍无人机摄影入门与进阶教程 [M]. 北京：电子工业出版社，2020.

[11] 李智强 . 基于无人机航拍摄影的变电站运行环境智能巡检方法 [J]. 电气技术与经济，2019(10)：146-148.

[12] 郭达，郑华，王刚，等 . 无人机航拍摄影技术在高海拔地区工程项目中的应用 [J]. 石河子科技，2023(03)：56-57.